思考力算数練習帳シリーズ
シリーズ11
鶴亀算と差集め算の考え方・整数範囲

本書の目的…「つるかめ算」と「差集め算」を通じて「和と差および倍の関係に着目した考え方」を身につける。思考力の基礎を養成する。

　つるかめ算や差集め算は、小学生としての思考力を鍛える意味でよい題材です。本書では、面積図や方程式を用いずに和差と倍に着目した考え方を用いて問題を解くようにしています。面積図や方程式の様な形式的・抽象的な方法よりも、より基本的で直感的な考え方を身につける方が思考力養成に重要です。この和差と倍の考え方は、将来いろいろな場面で多角的な問題の見方をするための手助けになります。当然、中学入試でもよく出題されますので、私立国立中学を受験する予定の小学生にも最適です。このように将来のために思考力を伸ばしたい小学生や、中学受験を予定している小学生のために、本書「つるかめ算と差集め算の考え方」を作成しました。本書は、課題の中で和や差の関係を見分け、その倍の関係から問題を解くという過程をしっかり身につけることを目的としています。

本書の特徴
1、つるかめ算や差集め算を繰り返し納得いくまで練習することによって、将来に高度な学習に役立つ思考力を養成できる。
2、すべて整数だけで解ける問題にしています。小数や分数計算にまだ慣れていないお子さんにも理解しやすいよう考慮されています。
3、つるかめ算や差集め算について、初めて学習する場合にも、また理解不足のお子さんが復習する場合にも利用することができます。
4、自分ひとりで考えて解けるように工夫して作成されています。他の思考力練習帳と同様に、なるべく教え込まなくても学習できるように構成されています。
5、方程式や面積図を用いず、和差と倍に着目した考え方を用いて問題を解ける様にしています。

算数思考力練習帳シリーズについて

　ある問題について、同じ種類・同じレベルの問題を**くりかえし練習**することによって確かな定着が得られます。
　そこで、中学入試につながる**文章題**について、同種類・同レベルの問題を**くりかえし練習**することができる教材を作成しました。

指導上の注意

①　解けない問題・本人が悩んでいる問題については、お母さん（お父さん）が説明してあげてください。その時に、できるだけ**具体的**な物に例えて説明してあげると良く分かります。（例えば、実際に目の前に鉛筆を並べて数えさせるなど。）

②　お母さん（お父さん）はあくまでも補助で、問題を解くのはお子さん本人です。お子さんの**達成感**を満たすためには、「解き方」から「答え」までのすべてを教えてしまわないで下さい。教えるのは**ヒント**を与える程度にしておき、本人が**自力**で答えを出すのを待ってあげて下さい。

③　子供のやる気が低くなってきていると感じたら、**無理にさせないで下さ**い。お子さんが興味を示す別の問題をさせるのも良いでしょう。

④　丸つけは、その場でしてあげてください。**フィードバック**（自分のやった行為が正しかったかどうか評価を受けること）は**早ければ早いほど**本人の学習意欲と定着につながります。

目　　次	頁
第1編、つるかめ算	3
第1章、図表による解き方	3
第2章、一方に仮定する解き方	11
第3章、つるかめ算の前に整理が必要な問題	27
第2編、差集め算	35
第1章、図表による解き方	35
第2章、1単位の差が集まって差の集まりになる考え方	40
第3章、全体の差に過不足が関係する場合	46
解答・解説	52

第1編、つるかめ算

第1章、図表による解き方

****

例題1、5枚の皿があります。1枚の皿にりんごを1個のせたり、3個のせたりして のせたりんごの合計の個数について考えましょう。はじめに5枚の皿にりんごを1個ずつのせます。するとりんごは1×5=5で5個になります。次に、このうち1枚の皿のりんごを3個にします。このようにして順に5枚の皿とも3個のせる皿にします。そのようすを図に表したのが下図です。図と式をよくみて次の問いに答えなさい。（皿：さら、下図：かず）

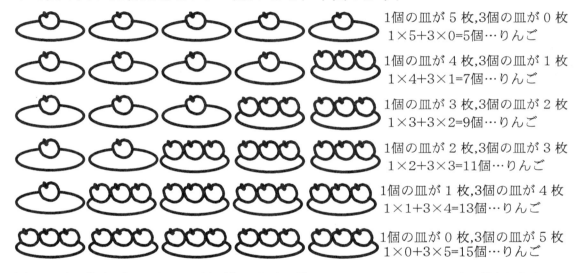

1個の皿が 5 枚,3個の皿が 0 枚
1×5+3×0=5個…りんご

1個の皿が 4 枚,3個の皿が 1 枚
1×4+3×1=7個…りんご

1個の皿が 3 枚,3個の皿が 2 枚
1×3+3×2=9個…りんご

1個の皿が 2 枚,3個の皿が 3 枚
1×2+3×3=11個…りんご

1個の皿が 1 枚,3個の皿が 4 枚
1×1+3×4=13個…りんご

1個の皿が 0 枚,3個の皿が 5 枚
1×0+3×5=15個…りんご

(1)、りんご1個をのせる皿が2枚のとき5枚の皿にのっているりんごは何個になりますか。

　（式・図・考え方）りんご3個をのせる皿は5-2=3枚です。りんご1個をのせる皿が2枚なのでここでは合計1×2=2個あります。また、りんご3個をのせる皿は3枚ですから合計は3×3=9個となります。この合計は2+9=11個のりんごになります。

式1：　1×2=2個…りんご1個をのせる皿にのった合計個数
　　　　3×3=9個…りんご3個をのせる皿にのった合計個数
　　　　2+9=11個…5枚の皿にのっているりんごの合計個数

式2：　一つの式にすると、1×2+3×3=11個

答（　11個　）

(2)、1枚の皿にのせるりんごの個数を1個から3個に1皿ずつ順々(じゅんじゅ

ん)に増やしていくと　りんごの合計の個数は何個ずつ増えますか。
（式・図・考え方）
考え方1：問題の図をみると、全体の個数は5個、7個、9個、11個、13個、15個と2個ずつ増えている。式：7-5=2個（9-7=2、11-9=2、・・・　）
考え方2：1枚の皿について考えると、1個から3個に増えるので、3-1=2個増える。式：3-1=2個

答（　2個　）

(3)、5枚の皿にのったりんごの合計が13個になるのは、りんごを1個のせる皿と3個のせる皿がそれぞれ何枚のときですか。
（式・図・考え方）図をみてあてはまる組み合わせをさがします。図の上から5番目のときです。りんごを1個のせる皿は1枚なので、1×1=1個のりんごがあります。りんごを3個のせる皿は4枚なので、3×4=12個のりんごがあります。合計で1+12=13個あります。

答（　りんごを1個のせる皿は1枚、りんごを3個のせる皿は4枚　）
****

類題1-1、5枚の皿があります。1枚にりんごを2個のせる皿と、5個のせる皿があります。はじめに5枚の皿にりんごを2個ずつのせます。次に、1枚の皿のりんごを2個から5個に増やします。このようにして順に5枚の皿とも5個のりんごをのせるようにします。そのようすを図に表したのが下図です。図と式をよくみて次の問いに答えなさい。

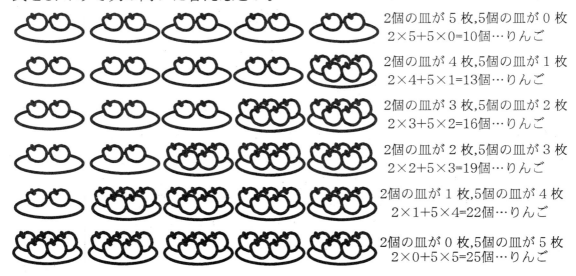

(1)、りんご2個をのせる皿が1枚のとき5枚の皿にのっているりんごは何個に

なりますか。
（式・図・考え方）

答（　　　　　）

(2)、1枚の皿にのせるりんごの個数を2個から5個に1皿ずつ順々に増やしていくと　りんごの合計の個数は何個ずつ増えますか。
（式・図・考え方）

答（　　　　　）

(3)、5枚の皿にのったりんごの合計が19個になるのは、1枚にりんごを2個のせる皿と5個のせる皿がそれぞれ何枚のときですか。
（式・図・考え方）

答（　りんごを2個のせる皿は　　枚、りんごを5個のせる皿は　　枚　）

****

例題2、つるとかめが合わせて6ぴきいます。（つるは1羽・2羽と数えますが、つるとかめを合わせて数える場合にはかめに合わせて、1ぴき・2ひきと数えます）

(1)、つるが2羽のとき、つるとかめ合わせた6ぴきの足数の和は何本ですか。
（式・図・考え方）つるの足は2本で、かめの足は4本です。かめは6-2=4ひきいます。ですから、足数の和は2（本）×2+4（本）×4=20本です。

答（　20本　）

(2)、つぎの表の空欄（くうらん：あいているところ）に、当てはまる数を書き入れなさい。　（羽：わ。鳥を数える単位。匹：ひき、びき、ぴき。）

つるの羽数	6羽	5羽	4羽	3羽	2羽	1羽	0羽
つるの足数の和	本	本	本	本	4本	本	本
かめの匹数	匹	匹	匹	匹	4匹	匹	匹
かめの足数の和	本	本	本	本	16本	本	本
つるとかめの匹数の和	6匹	6匹	6匹	6匹	6匹	6匹	6匹
つるとかめの足数の和	本	本	本	本	20本	本	本

答

つるの羽数	6羽	5羽	4羽	3羽	2羽	1羽	0羽
つるの足数の和	12本	10本	8本	6本	4本	2本	0本
かめの匹数	0匹	1匹	2匹	3匹	4匹	5匹	6匹
かめの足数の和	0本	4本	8本	12本	16本	20本	24本
つるとかめの匹数の和	6匹	6匹	6匹	6匹	6匹	6匹	6匹
つるとかめの足数の和	12本	14本	16本	18本	20本	22本	24本

(3)、足数の和は16本です。つるとかめはそれぞれ何びきいますか。
（式・図・考え方）(2)の表でつるとかめの足数の和が、16本のところの列が答えになります。

答（　つるは4羽、かめは2ひき　）

****

類題2-1、亀（かめ）とカブト虫が合わせて5ひきいます。
(1)、もし亀が2ひきなら足の本数の和は何本ですか。ただし、亀の足は4本、カブト虫の足は6本です。
（式・図・考え方）

答（　　　本　）

(2)、つぎの表の空いたところに当てはまる数を書き入れなさい。

亀の匹数	5匹	4匹	3匹	2匹	1匹	0匹
亀の足数の和	本	16本	本	本	本	本
カブト虫の匹数	匹	匹	匹	匹	匹	匹
カブト虫の足数の和	本	本	本	本	本	本
亀とカブト虫の匹数の和	5匹	5匹	5匹	5匹	5匹	5匹
亀とカブト虫の足数の和	本	本	本	本	本	30本

(3)、亀とカブト虫の足の本数の和が22本ならば、亀とカブト虫はそれぞれ何

匹ですか。
（式・図・考え方）

答（ 亀は　　匹、カブト虫は　　匹 ）

****

例題3、袋（ふくろ）のなかに10円硬貨（こうか）と50円硬貨がそれぞれ5枚ずつあります。この袋から合わせて5枚を取り出して金額（きんがく）の合計を計算します。

(1)、つぎの表に当てはまる数を書き入れなさい。

10円硬貨の枚数	0枚	1枚	2枚	3枚	4枚	5枚
50円硬貨の枚数	5枚	枚	3枚	枚	枚	枚
合計の金額	円	円	円	円	円	円

答

10円硬貨の枚数	0枚	1枚	2枚	3枚	4枚	5枚
50円硬貨の枚数	5枚	4枚	3枚	2枚	1枚	0枚
合計の金額	250円	210円	170円	130円	90円	50円

(2)、10円硬貨が1枚増えると合計金額は何円増えますか、または何円減りますか。
（式・図・考え方）(1)の合計金額で250-210=40円、210-170=40円と40円ずつ減っている。このことから40円減る。また、別の考え方では「50円硬貨が1枚減り10円硬貨が1枚増えるので、50-10=40円減る」ともいえる。

答（　40円減る　）

(3)、合計130円になるとき、10円硬貨50円硬貨はそれぞれ何枚ですか。
（式・図・考え方）(1)の表から10円硬貨は3枚、50円硬貨2枚と分かる。

答（　10円硬貨　3枚、50円硬貨　2枚　）

****

類題3-1、袋（ふくろ）のなかに7円切手と10円切手がそれぞれ4枚ずつあります。この袋から合わせて4枚を取り出して切手の合計金額を計算します。
(1)、つぎの表に当てはまる数を書き入れなさい。

7円切手の枚数	0枚	1枚	2枚	3枚	4枚
10円切手の枚数	枚	枚	枚	1枚	枚
切手の合計金額	円	円	円	円	円

(2)、7円切手が1枚増えると合計金額は何円増えますか、または何円減りますか。

（式・図・考え方）

答（　　　　　　　）

(3)、合計金額が37円になるとき、7円切手と10円切手はそれぞれ何枚ですか。

（式・図・考え方）

答（　7円切手　　枚、10円切手　　枚　）

確認テスト（第1章、図表による解き方）
月　　　日（　　点/100）　　時間20分：合格80点

[１]　4枚の皿があります。1枚にりんごを3個のせる皿と、5個のせる皿があります。はじめに4枚の皿にりんごを3個ずつのせます。次に、1枚の皿を3個から5個のりんごに増やします。このようにして順に4枚の皿とも5個のりんごをのせるようにします。そのようすを図に表したのが下図です。図と式をよくみて次の問いに答えなさい。

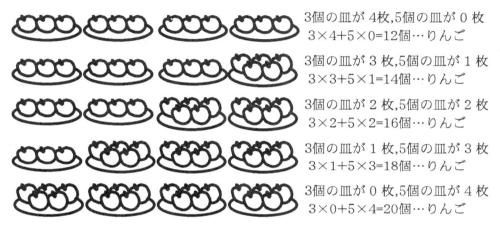

(1)、りんご3個をのせる皿が2枚のとき4枚の皿にのっているりんごは何個になりますか。
（式・図・考え方）

答（　　　個　）（10点）

(2)、1枚の皿にのせるりんごの個数を3個から5個に増やすと全体のりんごの個数は何個増えますか。
（式・図・考え方）

答（　　　個　）（10点）

(3)、4枚の皿にのったりんごの合計が18個になるのは、1枚にりんごを3個のせる皿と5個のせる皿がそれぞれ何枚のときですか。
（式・図・考え方）

答（　りんごを3個のせる皿は　　枚、りんごを5個のせる皿は　　枚　）
（10点）

[２]　りんごとみかんを合わせて6個買ったところ代金は280円でした。ただし、りんごは1個80円、みかんは1個30円でした。

(1)、つぎの表の空いたところに当てはまる数を書き入れなさい。
　（完答：15点）

りんごの個数(個)	6	5	4	3	2	1	0
りんごの代金合計(円)			320			80	
みかんの個数(個)	0	1		3	4	5	
みかんの代金合計(円)	0					150	
りんごとみかんの合計個数(個)	6						
りんごとみかんの合計代金(円)	480						

(2)、みかんの個数が1個増えるごとに、りんごとみかんの合計代金は何円ずつ増えますか、または減りますか。
　（式・図・考え方）

　　　　　　　　　　　　　　　　答（　　　円ずつ減る　）（10点）

(3)、りんごとみかんの合計代金が280円の場合、りんごは何個、みかんは何個ですか。
　（式・図・考え方）

　　　　　　　　　　　　　　　答（　りんごは　個、みかんは　個　）（10点）

[3]　8円切手と10円切手を合わせて5枚買うことにします。それぞれを何枚買うと切手の合計金額がいくらになるかを計算します。

(1)、つぎの表に当てはまる数を記入しなさい。　　　（完答：15点）

8円切手の枚数	0枚	1枚	2枚	3枚	4枚	5枚
10円切手の枚数	枚	枚	枚	枚	1枚	枚
切手の合計金額	円	円	円	円	円	円

(2)、10円切手が1枚増えると合計金額は何円増えますか、または何円減りますか。
　（式・図・考え方）

　　　　　　　　　　　　　　　　　答（　　　　　　　　）（10点）

(3)、合計金額が44円になるとき、8円切手と10円切手はそれぞれ何枚ですか。
　（式・図・考え方）

　　　　　　　　　　　　答（　8円切手　枚、10円切手　枚　）（10点）

第2章、一方に仮定する解き方

****

例題1、ボールの入った箱が5箱あります。2個入りの箱と4個入りの箱です。ボールの数は全部で16個です。（箱：はこ）

(1)、もし5箱とも2個入りの箱だとボールは何個になりますか。次の図をみて考えよう。

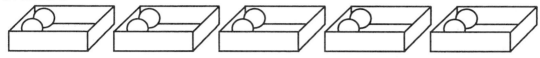

（式・図・考え方）2個ずつ5箱あるので2×5=10個です。

答（　10個　）

(2)、1箱だけを2個入りから4個入りに代えると合計の個数は何個増えますか。次の図をみて考えよう。

（式・図・考え方）1箱だけを代えるので、4-2=2個増えます。

答（　2個　）

(3)、(1)の答と実際にあるボールの個数との差は何個ですか。（実際：じっさい）

（式・図・考え方）問題文を読むと実際にあるボールの個数は16個です。また、(1)の答は10個です。ですから、(1)の答と実際にあるボールの個数との差は　16-10=6個　です。

答（　6個　）

(4)、(1)の状態から、(2)の操作を何回すると合計の個数が16個になりますか。（状態：じょうたい、操作：そうさ）

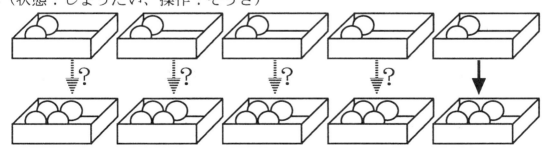

（式・図・考え方）1回代えると2個増えます。(1)の状態は合計10個で、6個増えると10+6=16個になる。6個増やすには6÷2=3回すればよい。

答（　3回　）

(5)、2個入りの箱と4個入りの箱はそれぞれ何箱ありますか。

（式・図・考え方）(4)の答えから4個入りの箱が3箱になることが分かります。2個入りの箱は5-3=2箱になります。

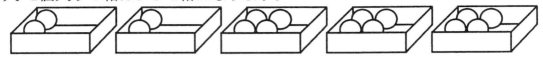

答（　2個入りは2箱と4個入りは3箱　）

(6)、(5)の答えを確かめる計算式を書きなさい。そのとき答えが16個になるように式をつくりなさい。

（式・図・考え方）2×2=4個、4×3=12個。4+12=16個。

答（　2個×2箱+4個×3箱=16個　）

****

類題1-1、ボールの入った箱が5箱あります。3個入りの箱と5個入りの箱です。ボールの数は全部で19個です。

(1)、もし5箱とも3個入りの箱だとボールは何個になりますか。次の図をみて考えよう。

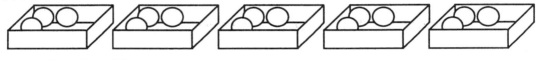

（式・図・考え方）

答（　　　個　）

(2)、1箱だけを3個入りから5個入りに代えると合計の個数は何個増えますか。次の図をみて考えよう。

（式・図・考え方）

答（　　　個　）

(3)、(1)の答と実際にあるボールの個数との差は何個ですか。（実際：じっさい）

（式・図・考え方）

答（　　　個　）

(4)、(1)の状態から、(2)の操作を何回すると合計の個数が19個になりますか。（状態：じょうたい、操作：そうさ）

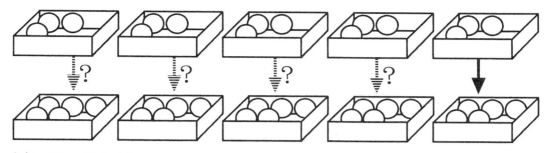

(式・図・考え方)

答(　　　回　)

(5)、3個入りの箱と5個入りの箱はそれぞれ何箱ありますか。
(式・図・考え方)

答(　3個入りは　　箱と5個入りは　　箱　)

(6)、(5)の答えを確かめる計算式を書きなさい。そのとき答えが19個になるように式をつくりなさい。
(式・図・考え方)

答(　＿＿個×＿＿箱＋＿＿個×＿＿箱＝19個　)

類題1-2、ボールの入った箱が5箱あります。1個入りの箱と6個入りの箱です。ボールの数は全部で25個です。
(1)、もし5箱とも1個入りの箱だとボールは何個になりますか。次の図をみて考えよう。

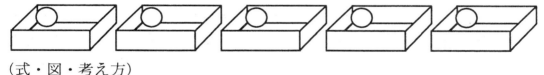

(式・図・考え方)

答(　　　個　)

(2)、1箱だけを1個入りから6個入りに代えると合計の個数は何個増えますか。次の図をみて考えよう。

(式・図・考え方)

答(　　　個　)

(3)、(1)の答と実際にあるボールの個数との差はいくつですか。（実際：じっさい）

（式・図・考え方）

答（　　　個　）

(4)、(1)の状態から、(2)の操作を何回すると合計の個数が25個になりますか。
（状態：じょうたい、操作：そうさ）

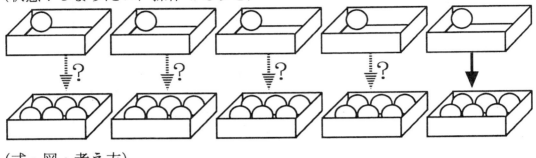

（式・図・考え方）

答（　　　回　）

(5)、1個入りの箱と6個入りの箱はそれぞれ何箱ありますか。
（式・図・考え方）

答（　1個入りは　　箱と6個入りは　　箱　）

(6)、(5)の答えを確かめる計算式を書きなさい。そのとき答えが25個になるように式をつくりなさい。
（式・図・考え方）

答（　＿個×＿箱＋＿個×＿箱＝25個　）

＊＊＊

例題2、鶴が何羽か、亀が何匹かいます。鶴と亀は合わせて5匹います。足数の和は16本です。（鶴：つる、亀：かめ、羽：わ、匹：びき・ひき、足数：そくすう）

(1)、仮に（かりに）5匹とも鶴だとすると、足数の合計は何本になりますか。
（式・図・考え方）鶴1羽の足数は2本、亀1匹の足数は4本です。仮に5匹とも鶴だとして足数を計算すると、鶴は5羽いるので2×5=10本になります。

答（　10本　）

(2)、鶴と亀が合わせて5匹であることは変えないで、1羽の鶴を1匹の亀に代えると、足数の合計は何本増えますか。
（式・図・考え方）4-2=2本増えます。

答（　2本　）

(3)、(1)の答と実際の足数との差は何本ですか。（実際：じっさい）

（式・図・考え方）問題文より実際の足数の和は16本で、(1)の答は10本です。ですから、(1)の答と実際の足数との差は 16-10=6本 です。

答（ 6本 ）

(4)、(2)を何回すれば、5匹の足数の合計が16本になりますか。
（式・図・考え方）1回すると合計は2本増える、10本から16本にするには6本増やす。6÷2=3回すればよい。

答（ 3回 ）

(5)、鶴は何羽、亀は何匹いますか。
（式・図・考え方）(4)の答から亀は3匹になり、鶴は5-3=2羽となります。

答（ 鶴は2羽、亀は3匹 ）

(6)、検算のための式を書きなさい。

答（ 2本×2羽＋4本×3匹＝16本 ）

****

類題2-1、鶴が何羽か、亀が何匹かいます。鶴と亀は合わせて8匹います。足数の和は26本です。（鶴：つる、亀：かめ、羽：わ、匹：びき・ひき、足数：そくすう）

(1)、仮に（かりに）8匹とも鶴だとすると、足数の合計は何本になりますか。
（式・図・考え方）

答（　　　本　）

(2)、鶴と亀が合わせて8匹であることは変えないで、1羽の鶴を1匹の亀に代えると、足数の合計は何本増えますか。
（式・図・考え方）

答（　　　本　）

(3)、(1)の答と実際の足数との差は何本ですか。
（式・図・考え方）

答（　　　本　）

(4)、(2)を何回すれば、8匹の足数の合計が26本になりますか。
（式・図・考え方）

答（　　　回　）

(5)、鶴は何羽、亀は何匹いますか。
（式・図・考え方）

答（ 鶴は　　羽、亀は　　匹 ）

(6)、検算のための式を書きなさい。

答（ 　本×　羽＋　本×　匹＝　本 ）

類題2-2、 鶴（つる）が何羽か、亀（かめ）が何匹かいます。鶴と亀は合わせて10匹います。足の数の合計は28本です。

(1)、仮に（かりに）10匹とも鶴だとすると、足の数の合計は何本になりますか。
（式・図・考え方）

　　　　　　　　　　　　　　　　　　　　　　　　　　答（　　　本　）

(2)、鶴と亀は合わせて10匹であることは変えないで、鶴1羽を亀1匹に代えると、足の数の合計は何本増えますか。
（式・図・考え方）

　　　　　　　　　　　　　　　　　　　　　　　　　　答（　　　本　）

(3)、(1)の答と実際の足の数の合計との差は何本ですか。
（式・図・考え方）

　　　　　　　　　　　　　　　　　　　　　　　　　　答（　　　本　）

(4)、鶴1羽を亀1匹に代えることを何回すると、足の数の合計が28本になりますか。
（式・図・考え方）

　　　　　　　　　　　　　　　　　　　　　　　　　　答（　　　回　）

(5)、鶴は何羽、亀は何匹いますか。
（式・図・考え方）

　　　　　　　　　　　　　　　　　　答（　鶴は　　羽、亀は　　匹　）

(6)、検算のための式を書きなさい。
　　　　　　　　　　答（　＿＿本×＿＿羽＋＿＿本×＿＿匹＝＿＿本　）

類題2-3、鶴と亀が合わせて12匹います。足の本数だけを数えたら38本ありました。このとき、次の問に答えなさい。

(1)、仮に（かりに）12匹とも鶴だとすると、足の本数の合計は何本になりますか。
（式・図・考え方）

　　　　　　　　　　　　　　　　　　　　　　　　　　答（　　　本　）

(2)、鶴と亀を合わせると12匹であることは変えないで、1羽の鶴を1匹の亀に代えると、足の本数の合計は何本ずつ増えますか。
（式・図・考え方）

　　　　　　　　　　　　　　　　　　　　　　　　　　答（　　　本　）

(3)、(1)の答と実際の足の本数との差は何本ですか。
（式・図・考え方）

　　　　　　　　　　　　　　　　　　　　　　　　　　答（　　　本　）

M・access　　　16　　　鶴亀算・差集算の考え方

(4)、(2)と(3)から考えて、鶴と亀を合わせて12匹であることは変えないで足の本数の合計が38本にするには、亀を何匹にすればよいですか。
（式・図・考え方）

答（　　　匹　）

(5)、鶴は何羽いますか。
（式・図・考え方）

答（　　　羽　）

(6)、検算のための式を書きなさい。

答（＿＿本×＿＿羽＋＿＿本×＿＿匹＝＿＿本　）

****

例題3、　5円硬貨と10円硬貨が合わせて10枚あります。お金の合計は70円です。

(1)、仮に（かりに）10枚とも10円硬貨だとすると、お金の合計は何円になりますか。
（式・図・考え方）仮に10枚とも10円硬貨だとしてお金の合計を計算すると、10×10=100円になります。

答（　100円　）

(2)、(1)のとき5円硬貨と10円硬貨が合わせて10枚であることは変えないで、1枚の10円硬貨を5円硬貨に代えるとお金の合計は何円減りますか。
（式・図・考え方）10-5=5円減ります。

答（　5円　）

(3)、(1)の答と実際との差は何円ですか。
（式・図・考え方）問題文を読むと実際は70円で、(1)の答は100円です。これから、(1)の答と実際との差は　100-70=30円　です。

答（　30円　）

(4)、10円硬貨を何枚5円硬貨に代えるとお金の合計が70円になりますか。
（式・図・考え方）10円硬貨を1枚5円硬貨に代えるとお金の合計は5円減る、30円減るには30÷5＝6枚代えればよい。

答（　6枚　）

(5)、5円硬貨と10円硬貨はそれぞれ何枚ですか。
（式・図・考え方）(4)の答は5円硬貨の枚数になる。10円硬貨は10-6=4枚となる。

答（　5円硬貨　6枚、10円硬貨　4枚　）

(6)、検算のための式を書きなさい。
（式・図・考え方）5円硬貨の金額は5円×6枚=30円、10円硬貨の金額は10

円×4枚=40円。ですから合計は30＋40=70円。

答（　5×6＋10×4=70　）

****

類題3-1、　5円硬貨と10円硬貨が合わせて12枚あります。お金の合計は85円です。

⑴、仮に（かりに）12枚とも10円硬貨だとすると、お金の合計は何円になりますか。

（式・図・考え方）

答（　　　円　）

⑵、⑴のとき5円硬貨と10円硬貨が合わせて12枚であることは変えないで、1枚の10円硬貨を5円硬貨に代えるとお金の合計は何円減りますか。

（式・図・考え方）

答（　　　円　）

⑶、⑴の答と実際との差は何円ですか。

（式・図・考え方）

答（　　　円　）

⑷、10円硬貨を何枚5円硬貨に代えるとお金の合計が85円になりますか。

（式・図・考え方）

答（　　　枚　）

⑸、5円硬貨と10円硬貨はそれぞれ何枚ですか。

（式・図・考え方）

答（　5円硬貨　　枚、10円硬貨　　枚　）

⑹、検算のための式を書きなさい。

（式・図・考え方）

答（　　　　　　　　　　　　　　）

類題3-2、1円硬貨と5円硬貨が合わせて10枚あります。お金の合計は38円です。

⑴、仮に（かりに）10枚とも1円硬貨だとすると、お金の合計は何円になりますか。

（式・図・考え方）

答（　　　円　）

⑵、⑴のとき1円硬貨と5円硬貨が合わせて10枚であることは変えないで、1枚の1円硬貨を5円硬貨に代えるとお金の合計は何円増えますか。

（式・図・考え方）

答（　　　　円　）

⑶、⑴の答と実際との差は何円ですか。
（式・図・考え方）

答（　　　　円　）

⑷、1円硬貨を何枚5円硬貨に代えるとお金の合計が38円になりますか。
（式・図・考え方）

答（　　　　枚　）

⑸、1円硬貨と5円硬貨はそれぞれ何枚ですか。
（式・図・考え方）

答（　1円硬貨　　枚、5円硬貨　　枚　）

⑹、検算のための式を書きなさい。
（式・図・考え方）

答（　　　　　　　　　　　　　　）

類題3-3、1円硬貨と5円硬貨が合わせて12枚あります。お金の合計は24円です。

⑴、仮に（かりに）12枚とも5円硬貨だとすると、お金の合計は何円になりますか。
（式・図・考え方）

答（　　　　円　）

⑵、⑴のとき1円硬貨と5円硬貨が合わせて12枚であることは変えないで、1枚の5円硬貨を1円硬貨に代えるとお金の合計は何円減りますか。
（式・図・考え方）

答（　　　　円減る　）

⑶、⑴の答と実際との差は何円ですか。
（式・図・考え方）

答（　　　　円　）

⑷、5円硬貨を何枚1円硬貨に代えるとお金の合計が24円になりますか。
（式・図・考え方）

答（　　　　枚　）

⑸、1円硬貨と5円硬貨はそれぞれ何枚ですか。
（式・図・考え方）

答（　1円硬貨　　枚、5円硬貨　　枚　）

⑹、検算の式を書きなさい。
（式・図・考え方）

答（　　　　　　　　　　　　　　　　　）

類題3-4、5円切手と8円切手を合わせて10枚買って62円をはらいました。
(1)、仮に（かりに）10枚とも5円切手だとすると、代金の合計は何円になりますか。
（式・図・考え方）

答（　　　円）

(2)、(1)のとき5円切手と8円切手が合わせて10枚であることは変えないで、1枚の5円切手を8円切手に代えると代金の合計は何円増えますか。
（式・図・考え方）

答（　　　円）

(3)、(1)の答と実際との差は何円ですか。
（式・図・考え方）

答（　　　円）

(4)、5円切手を何枚8円切手に代えると代金の合計が62円になりますか。
（式・図・考え方）

答（　　　枚）

(5)、5円切手と8円切手はそれぞれ何枚ですか。
（式・図・考え方）

答（　5円切手　　枚、8円切手　　枚）

(6)、検算のための式を書きなさい。
（式・図・考え方）
答（　　　　　　　　　　　　　　　）

類題3-5、8円切手と15円切手を合わせて20枚買って202円をはらいました。
(1)、仮に（かりに）20枚とも8円切手だとすると、代金の合計は何円になりますか。
（式・図・考え方）

答（　　　円）

(2)、(1)のとき8円切手と15円切手が合わせて20枚であることは変えないで、1枚の8円切手を15円切手に代えると代金の合計は何円増えますか。
（式・図・考え方）

答（　　　円）

(3)、(1)の答と実際との差は何円ですか。

（式・図・考え方）

答（　　　　円　）

(4)、8円切手を何枚15円切手に代えると代金の合計が202円になりますか。
（式・図・考え方）

答（　　　　枚　）

(5)、8円切手と15円切手はそれぞれ何枚ですか。
（式・図・考え方）

答（　8円切手　　枚、15円切手　　枚　）

(6)、検算のための式を書きなさい。
（式・図・考え方）

答（　　　　　　　　　　　　　）

＊＊＊＊＊＊＊＊＊＊＊＊＊＊＊＊＊＊＊＊＊＊＊＊＊＊＊＊＊＊＊＊＊

例題4、1個70円のりんごと1個40円のみかんとを合わせて20個買うと、代金は1010円になります。みかんは何個買うことになりますか。
（式・図・考え方）もし全部りんごなら70×20=1400円。実際の代金との差は1400-1010=390円。1個をみかんに代えると70-40=30円減ります。1個40円のみかんは390÷30=13個と分かる。1個70円のりんごは20-13=7個となる。
式：(70×20-1010)÷(70-40)=13個…1個40円のみかん
　検算…20-13=7個…1個70円のりんご、70×7+40×13=1010円
別解：(1010-40×20)÷(70-40)=7個…1個70円のりんご、20-7=13個…1個40円のみかん

答え（　みかんは13個　）

＊＊＊＊＊＊＊＊＊＊＊＊＊＊＊＊＊＊＊＊＊＊＊＊＊＊＊＊＊＊＊＊＊

類題4-1、1個10円のりんごと1個8円のみかんとを合わせて15個買うと、代金は132円になります。りんごは何個買うことになりますか。
（式・図・考え方）

答え（　りんごは　　個　）

類題4-2、7円切手と12円切手を合わせて30枚買って275円をはらいました。12円切手は何枚買いましたか。
（式・図・考え方）

答え（　12円切手　　枚　）

****

例題5、1000円を12人の人に分けるのに、何人かには100円ずつ、その他の人にはそれより40円ずつ少なく分けました。

(1)、もしも12人全員に100円ずつ分けると合計金額は何円になりますか。
　（式・図・考え方）100円ずつ12人に分けることになるので、100円×12人=1200円になります。

答（　1200円　）

(2)、(1)で合計人数の12人は変えずに、1人に40円少なく分けると1人少なくするごとに合計金額は何円ずつ少なくなりますか。
　（式・図・考え方）100円より40円少なくなるので60円分けることになります。この場合、合計金額も40円少なくなります。60円が答ではありません。

答（　40円　）

(3)、100円ずつ分けた人数と100円より40円ずつ少なく分けた人数はそれぞれ何人ですか。
　（式・図・考え方）(1)と実際に分けた金額との差は1200-1000=200円です。1人を40円少なくするごとに合計金額は40円ずつ少なくなりますから、200÷40=5人が40円少ない60円を分けた人になります。ですから100円ずつ分けた人数は12-5=7人となります。

答（100円ずつ分けた人数は7人、40円ずつ少なく分けた人数は5人）

(4)、検算の式を書きなさい。
　（式・図・考え方）100円ずつ分けた金額は100×7=700円。40円ずつ少なく分けた金額は(100-40)×5=300円。合計金額は700+300=1000円となります。

答（　100×7+(100-40)×5=1000　）

****

類題5-1、1580円を30人の人に分けるのに、何人かには60円ずつ、その他の人にはそれより20円ずつ少なく分けました。

(1)、もしも30人全員に60円ずつ分けると合計金額は何円になりますか。
（式・図・考え方）

答（　　　　円）

(2)、(1)で合計人数の30人は変えずに、1人に20円少なく分けると1人少なくするごとに合計金額は何円ずつ少なくなりますか。
（式・図・考え方）

答（　　　　円ずつ）

(3)、60円ずつ分けた人数と60円より20円ずつ少なく分けた人数はそれぞれ何人ですか。
（式・図・考え方）

答（60円ずつ分けた人数は　　　人、20円ずつ少なく分けた人数は　　　人）

(4)、検算の式を書きなさい。
（式・図・考え方）

答（　　　　　　　　　　）

確認テスト （一方に仮定する解き方）

月　日（　　点/100）　　　時間20分：合格80点

[1] 鶴と亀が合わせて18匹います。足数だけを数えたら50本でした。次の問に答えなさい。

(1)、もし18匹とも亀だとすると、足数の合計は何本になりますか。
（式・図・考え方）

答（　　本）[3点]

(2)、鶴と亀を合わせると18匹であることは変えないで、1匹の亀を鶴に代えるごとに、足数の合計は何本ずつへりますか。
（式・図・考え方）

答（　　本）[3点]

(3)、(1)の答と実際の足数との差は何本ですか。
（式・図・考え方）

答（　　本）[3点]

(4)、(2)と(3)から考えて鶴を何羽にすると、鶴と亀を合わせて18匹で足数の合計が50本になりますか。
（式・図・考え方）

答（　　羽）[4点]

(5)、鶴は何羽、亀は何匹いますか。
（式・図・考え方）

答（鶴は　　羽、亀は　　匹）[4点]

(6)、検算のための式を書きなさい。

答（　　本×　　羽+　　本×　　匹=　　本）[4点]

[2] 5円切手と10円切手を合わせて20枚買って165円をはらいました。

(1)、仮に（かりに）20枚とも10円切手だとすると、代金の合計は何円になりますか。
（式・図・考え方）

答（　　円）[3点]

(2)、(1)のとき5円切手と10円切手が合わせて20枚であることは変えないで、1枚の10円切手を5円切手に代えると代金の合計は何円減りますか。
（式・図・考え方）

答（　　円）[3点]

(3)、(1)の答と実際との差は何円ですか。
（式・図・考え方）

答（　　円）[3点]

M・access　　鶴亀算・差集算の考え方

⑷、10円切手を何枚5円切手に代えると代金の合計が165円になりますか。
（式・図・考え方）

答（　　　枚　）[4点]

⑸、5円切手と10円切手はそれぞれ何枚ですか。
（式・図・考え方）

答（　5円切手　　枚、10円切手　　枚　）[4点]

⑹、検算のための式を書きなさい。
（式・図・考え方）

答（　　　　　　　　　　　）[4点]

[3]　10円硬貨と50円硬貨が合わせて30枚あります。お金の合計は780円になります。

⑴、仮に（かりに）30枚とも10円硬貨だとすると、お金の合計は何円になりますか。
（式・図・考え方）

答（　　　円　）[3点]

⑵、⑴のとき10円硬貨と50円硬貨が合わせて30枚であることは変えないで、1枚の10円硬貨を50円硬貨に代えるとお金の合計は何円増えますか。
（式・図・考え方）

答（　　　円　）[3点]

⑶、⑴の答と実際との差は何円ですか。
（式・図・考え方）

答（　　　円　）[3点]

⑷、10円硬貨を何枚50円硬貨に代えるとお金の合計が780円になりますか。
（式・図・考え方）

答（　　　枚　）[4点]

⑸、10円硬貨と50円硬貨はそれぞれ何枚ですか。
（式・図・考え方）

答（　10円硬貨　　枚、50円硬貨　　枚　）[4点]

⑹、検算のための式を書きなさい。
（式・図・考え方）

答（　　　　　　　　　　　）[4点]

[4]　ボールの入った箱が17箱あります。5個入りの箱と8個入りの箱です。ボールの数は全部で112個です。

⑴、もし17箱とも5個入りの箱だとボールは何個になりますか。
（式・図・考え方）

答（　　　個　）[3点]

(2)、1箱だけを5個入りから8個入りに代えると合計の個数は何個増えますか。（式・図・考え方）

答（　　　個　）［3点］

(3)、(1)の答と実際にあるボールの個数との差はいくつですか。（実際：じっさい）
（式・図・考え方）

答（　　　個　）［3点］

(4)、(1)の状態から、(2)の操作を何回すると合計の個数が112個になりますか。（状態：じょうたい、操作：そうさ）
（式・図・考え方）

答（　　　回　）［4点］

(5)、5個入りの箱と8個入りの箱はそれぞれ何箱ありますか。
（式・図・考え方）

答（　5個入り　　箱、8個入り　　箱　）［4点］

(6)、(5)の答えを確かめる計算式を書きなさい。そのとき答えが112個になるように式をつくりなさい。
（式・図・考え方）

答（　　個×　　箱＋　　個×　　箱＝112個　）［4点］

[5] 1300円を20人に分けるのに、何人かには70円ずつ、その他の人にはそれより25円ずつ少なく分けました。

(1)、もしも20人全員に70円ずつ分けると合計金額は何円になりますか。
（式・図・考え方）

答（　　　円　）［4点］

(2)、(1)で合計人数の20人は変えずに、1人に25円少なく分けると1人少なくするごとに合計金額は何円ずつ少なくなりますか。
（式・図・考え方）

答（　　　円　）［4点］

(3)、70円ずつ分けた人数と70円より25円ずつ少なく分けた人数はそれぞれ何人ですか。
（式・図・考え方）

答（70円ずつ分けた人数は　　人、25円ずつ少なく分けた人数は　　人）
［4点］

(4)、検算の式を書きなさい。
（式・図・考え方）

答（　　　　　　　　　　　　　）［4点］

第3章、つるかめ算の前に整理が必要な問題

****
例題1、1本13円のえんぴつと1本8円のえんぴつとを合わせて20本買って、200円を出して15円のおつりをもらいました。
(1)、代金はいくらですか。
　（式・図・考え方）200-15=185円

　　　　　　　　　　　　　　　　　　　　　　　　　　　答（　185円　）
(2)、1本13円のえんぴつと1本8円のえんぴつをそれぞれ何本ずつ買ったのでしょう。
　（式・図・考え方）もし全部1本13円のえんぴつなら13×20=260円。実際の代金との差は260-185=75円。1本を1本8円のえんぴつに代えると13-8=5円減ります。1本8円のえんぴつは75÷5=15本と分かる。1本13円のえんぴつは20-15=5本となる。
式：(13×20-185)÷(13-8)=15本…1本8円のえんぴつ
　　20-15=5本…1本13円のえんぴつ
別解：(185-8×20)÷(13-8)=5本…1本13円のえんぴつ、20-5=15本…1本8円のえんぴつ
　　　　答え（　1本13円のえんぴつ　5本、1本8円のえんぴつ　15本　）
(3)、検算の式を書きなさい。
　　　　　　　　　　　　答（　13×5+8×15=185　　185+15=200　　）
****

類題1-1、1本20円のえんぴつと1本15円のえんぴつとを合わせて17本買って、300円を出して5円のおつりをもらいました。
(1)、代金はいくらですか。
（式・図・考え方）

　　　　　　　　　　　　　　　　　　　　　　　　　　　答（　　　円　）
(2)、1本20円のえんぴつと1本15円のえんぴつをそれぞれ何本ずつ買ったのでしょう。
（式・図・考え方）

　　答え（　1本20円のえんぴつは　　本、1本15円のえんぴつは　　本　）
(3)、検算の式を書きなさい。
　　　　　　　　　　　　答（　　　　　　　　　　　　　　　　　　）

類題1-2、 1本16円のえんぴつと1本13円のえんぴつとを合わせて30本買って、500円を出して59円のおつりをもらいました。
(1)、代金はいくらですか。
（式・図・考え方）

　　　　　　　　　　　　　　　　　　　　　　　　　　　答（　　　　円　）
(2)、1本16円のえんぴつと1本13円のえんぴつをそれぞれ何本ずつ買ったのでしょう。
（式・図・考え方）

　　　　答え（　1本16円のえんぴつは　　本、1本13円のえんぴつは　　本　）
(3)、検算の式を書きなさい。
　　　　　　　　　　答（　　　　　　　　　　　　　　　　　　　　　　）

類題1-3、 1本8円のわりばしと1本6円のわりばしとを合わせて100本買って、1000円を出して316円のおつりをもらいました。
(1)、代金はいくらですか。
（式・図・考え方）

　　　　　　　　　　　　　　　　　　　　　　　　　　　答（　　　　円　）
(2)、1本8円のわりばしと1本6円のわりばしをそれぞれ何本ずつ買ったのでしょう。
（式・図・考え方）

　　　　答え（　1本8円のわりばしは　　本、1本6円のわりばしは　　本　）
(3)、検算の式を書きなさい。
　　　　　　　　　　答（　　　　　　　　　　　　　　　　　　　　　　）

****
例題2、 みかん100個を1箱5個入りの小箱と8個入りの大箱とにつめたら15箱できました。そして4個だけ余りました。
(1)、実際（じっさい）に箱につめたみかんは何個でしたか。
（式・図・考え方）実際につめたのは100-4=96個。
　　　　　　　　　　　　　　　　　　　　　　　　　　　答（　96個　）
(2)、大小それぞれ何箱ずつできましたか。
（式・図・考え方）もし15箱全部が小箱だとすると、5×15=75個を箱につめ

たことになる。実際につめた個数との差は96-75=21個になります。1箱だけを8個入りの大箱に代えると8-5=3個増えます。8個入りの大箱は21÷3=7箱と分かります。5個入りの小箱は15-7=8箱となります。
式：100-4=96個…実際につめたみかんの個数、(96-5×15)÷(8-5)=7箱…8個入りの大箱、15-7=8箱…5個入りの小箱
別解：100-4=96個…実際につめたみかんの個数、(8×15-96)÷(8-5)=8箱…5個入りの小箱、15-8=7箱…8個入りの大箱

答え（　5個入りの小箱は8箱、8個入りの大箱は7箱　）

(3)、検算の式を書きなさい。

答（　5×8+8×7+4=100　）

*************access***********************************

類題2-1、みかん150個を1箱6個入りの小箱と8個入りの大箱とにつめたら20箱できました。そして2個だけ余りました。
(1)、実際（じっさい）に箱につめたみかんは何個でしたか。
（式・図・考え方）

答（　　　　個　）

(2)、大小それぞれ何箱ずつできましたか。
（式・図・考え方）

答え（　6個入りの小箱は　　箱、8個入りの大箱は　　箱　）

(3)、検算の式を書きなさい。

答（　　　　　　　　　　　　）

類題2-2、りんごが200個ありました。りんごを1箱10個入りの小箱と15個入りの大箱とにつめて合わせて16箱作ることにしました。そのためにはりんごが5個足りません。
(1)、予定の箱を作るためにりんごは何個いりますか。（予定…よてい）
（式・図・考え方）

答（　　　　個　）

(2)、大小それぞれ何箱ずつ作るつもりですか。
（式・図・考え方）

答え（　10個入りの小箱は　　箱、15個入りの大箱は　　箱　）

(3)、検算の式を書きなさい。

答（　　　　　　　　　　　　）

****

例題3、ある動物園の入園料はおとなが300円・中学生が200円・子どもが100円です。ある日曜日の入園者が1850人で、その入園料は30万円（300000円）でした。この日の中学生の入園者は150人でした。

(1)、おとなと子どもの入園料の合計金額は何円でしたか。また、おとなと子どもの入園者の合計人数は何人でしたか。

（式・図・考え方）「おとなの入園料」＋「中学生の入園料」＋「子どもの入園料」＝30万円ですから、30万円から「中学生の入園料」を引くと「おとなと子どもの入園料の合計金額」になります。300000−200×150＝270000円…おとなと子どもの入園料の合計金額。1850−150＝1700人…おとなと子どもの入園者の合計人数。

　　　　　　　　　　　答（　合計金額 270000円、合計人数は 1700人　）

(2)、おとなと子どもの入園者の人数はそれぞれ何人ですか。

（式・図・考え方）

解き方1（はじめに1700人全員をおとなと仮定する方法）：(300×1700−270000)÷(300−100)＝1200人…子ども、1700−1200＝500人…おとな。

解き方2（はじめに1700人全員を子どもと仮定する方法）：(270000−100×1700)÷(300−100)＝500人…おとな、1700−500＝1200人…子ども

　　　　　　　　　　　答（　おとなは 500人、子どもは 1200人　）

(3)、検算の式を書きなさい。

（式・図・考え方）300円×500人＝150000円…おとなの入園料、200円×150人…中学生の入園料、100円×1200人＝120000円…子どもの入園料。

　　　　　　　　　　　答（　300×500+200×150+100×1200=300000　）

****

類題3-1、ある動物園の入園料はおとなが400円・中学生が250円・子どもが150円です。ある日曜日の入園者が890人で、その入園料は20万円（200000円）でした。この日のおとなの入園者は150人でした。

(1)、中学生と子どもの入園料の合計金額は何円でしたか。また、中学生と子どもの入園者の合計人数は何人でしたか。
（式・図・考え方）

　　　　　　　答（　合計金額　　　　円、合計人数は　　　　人　）

(2)、中学生と子どもの入園者の人数はそれぞれ何人ですか。
（式・図・考え方）

　　　　　　　答（　中学生は　　　　人、子どもは　　　　人　）

(3)、検算の式を書きなさい。
（式・図・考え方）

　　　　　　　答（　　　　　　　　　　　　　　　　　　　　）

類題3-2、ある動物園の入園料はおとなが250円・中学生が120円・子どもが80円です。ある日曜日の入園者が610人で、その入園料は78000円でした。この日の子どもの入園者は400人でした。

(1)、おとなと中学生の入園料の合計金額は何円でしたか。また、おとなと中学生の入園者の合計人数は何人でしたか。
（式・図・考え方）

　　　　　　　答（　合計金額　　　　円、合計人数は　　　人　）

(2)、おとなと中学生の入園者の人数はそれぞれ何人ですか。
（式・図・考え方）

　　　　　　　答（　おとなは　　　人、中学生は　　　人　）

(3)、検算の式を書きなさい。

　　　　　　　答（　　　　　　　　　　　　　　　　　　　　）

＊＊

例題4、りんご1個は80円、みかん1個は40円、かき1個は20円です。全部で20個買いそれらを140円の籠（かご）に詰めて（つめて）もらいました。すると、代金の合計は1000円になりました。ただし、かきの代金の合計は180

円でした。
(1)、りんごとみかんだけの合計の個数と合計の代金を求めなさい。
　（式・図・考え方）かきの個数は180÷20=9個です。りんごとみかんだけの合計の個数は20-9=11個となります。つぎに、りんごとみかんだけの合計の代金は籠（かご）とかきの代金を差し引いた金額になります。1000-140-180=680円。
　　　　　　　　　　　　答（　合計の個数は11個、合計の代金は680円　）
(2)、りんごとみかんの個数はそれぞれ何個ですか。
　（式・図・考え方）11個ともりんごだとすると、80×11=880円。実際の代金との差は880-680=200円。りんごを1個みかんに代えると合計代金は80-40=40円減る。200÷40=5個みかんにすればよい。ですからみかんの個数は5個でりんごの個数は11-5=6個となる。
　　　　　　　　　　　　答（　りんごは6個、みかんは5個　）
(3)、代金の合計が1000円になるような検算の式を書きなさい。
　（式・図・考え方）りんごの合計代金は80×6=480円、みかんの合計代金は40×5=200円、かきの合計代金は問題文より180円、籠の代金は問題文より140円。全体の合計代金はこれらを加える。
　　　　　　　　　　　　答（　80×6+40×5+180+140=1000　）
＊＊＊

類題4-1、りんご1個は70円、かき1個は90円、みかん1個は30円です。全部で24個買いそれらを120円の籠（かご）に詰めて（つめて）もらいました。すると、代金の合計は1600円になりました。ただし、りんごの代金の合計は490円でした。
(1)、かきとみかんだけの合計の個数と合計の代金を求めなさい。
　（式・図・考え方）

　　　　　　　答（　合計の個数は　　　個、合計の代金は　　　円　）
(2)、かきとみかんの個数はそれぞれ何個ですか。
　（式・図・考え方）

　　　　　　　　　　答（　かきは　　個、みかんは　　個　）
(3)、代金の合計が1600円になるような検算の式を書きなさい。
　（式・図・考え方）
　　　　　　　　答（　　　　　　　　　　　　　　=1600　）

確認テスト(つるかめ算・整理が必要な場合)
月　日(　　　点/100)　　時間20分：合格80点

［1］　1本75円のえんぴつと1本50円のえんぴつとを合わせて20本買って、2000円を出して800円のおつりをもらいました。
(1)、代金はいくらですか。
（式・図・考え方）

答（　　　　円　）[10点]

(2)、1本75円のえんぴつと1本50円のえんぴつをそれぞれ何本ずつ買ったのでしょう。
（式・図・考え方）

答え（　1本75円のえんぴつは　　本、1本50円のえんぴつは　　本　）
[10点]

(3)、検算の式を書きなさい。
答（　　　　　　　　　　　　　　　　　　　　　）[5点]

［2］　りんごが120個ありました。りんごを1箱6個入りの小箱と12個入りの大箱とにつめて合わせて15箱作ることにしました。そのためにはりんごが18個足りません。
(1)、予定の15箱を作るにはりんごは何個いりますか。
（式・図・考え方）

答（　　　　個　）[10点]

(2)、大小それぞれ何箱ずつ作るつもりですか。
（式・図・考え方）

答え（　6個入りの小箱は　　箱、12個入りの大箱は　　箱　）[10点]

(3)、検算の式を書きなさい。
答（　　　　　　　　　　　　　　　　　　　　　）[5点]

［3］ ある動物園の入園料はおとなが350円・中学生が200円・子どもが150円です。ある日曜日の入園者が500人で、その入園料は103000円でした。この日の子どもの入園者の人数は300人でした。
(1)、おとなと中学生の入園料の合計金額は何円でしたか。また、おとなと中学生の入園者の合計人数は何人でしたか。
　（式・図・考え方）

　　　　　　　　　答（　合計金額　　　　円、合計人数は　　　　人　）[10点]
(2)、おとなと中学生の入園者の人数はそれぞれ何人ですか。
　（式・図・考え方）

　　　　　　　　　　　　　　答（　おとなは　　人、中学生は　　人　）[10点]
(3)、検算の式を書きなさい。
　（式・図・考え方）
　　　　　　　　答（　　　　　　　　　　　　　　　　　　　　　　　）[5点]

［4］ りんご1個は60円、かき1個は120円、みかん1個は50円です。全部で29個買いそれらを340円の籠（かご）に詰めて（つめて）もらいました。すると、代金の合計は2500円になりました。ただし、みかんの個数は6個でした。
(1)、りんごとかきだけの合計の個数と合計の代金を求めなさい。
　（式・図・考え方）

　　　　　　　　答（　合計の個数は　　個、合計の代金は　　　　円　）[10点]
(2)、りんごとかきの個数はそれぞれ何個ですか。
　（式・図・考え方）

　　　　　　　　　　　　　答（　りんごは　　個、かきは　　個　）[10点]
(3)、代金の合計が2500円になるような検算の式を書きなさい。
　（式・図・考え方）
　　　　　　　答（　　　　　　　　　　　　　　　　＝2500　）[5点]

第2編、差集め算

第1章、図表による解き方

****

例題1、皿が5枚あります。下図の様に、りんごを1枚の皿に1個ずつのせる場合と3個ずつのせる場合では、のせるりんごの合計の個数の差は何個になりますか。次の2通りの考え方で求めなさい。

(1)、1個ずつのせる場合の合計の個数と3個ずつのせる場合の合計の個数の差を考えてりんごの合計の個数の差を求めなさい。

（式・図・考え方）1個ずつのせる場合の合計の個数は1個×5=5個、3個ずつのせる場合の合計3個×5=15個、その差は15-5=10個。

答（　10個　）

(2)、りんごの個数の差は、皿の枚数が5枚のときは皿の枚数が1枚のときの5倍になることを考えて、りんごの合計の個数の差を求めなさい。

（式・図・考え方）

皿が1枚の場合は、3-1=2個の差です。皿が5枚になると、差も5倍になるので、2×5=10個になる。

答（　10個　）

****

類題1-1、皿が5枚あります。下図の様に、りんごを1枚の皿に2個ずつのせる場合と5個ずつのせる場合では、のせるりんごの合計の個数の差は何個になりますか。次の2通りの考え方で求めなさい。

(1)、2個ずつのせる場合の合計の個数と5個ずつのせる場合の合計の個数の差

を考えてりんごの合計の個数の差を求めなさい。
（式・図・考え方）

答（　　　　個　）

(2)、りんごの個数の差は、皿の枚数が5枚のときは皿の枚数が1枚のときの5倍になることを考えて、りんごの合計の個数の差を求めなさい。
（式・図・考え方）

答（　　　　個　）

類題1-2、皿が4枚あります。下図の様に、りんごを1枚の皿に1個ずつのせる場合と5個ずつのせる場合では、のせるりんごの合計の個数の差は何個になりますか。次の2通りの考え方で求めなさい。

1枚の皿に1個ずつのせる。

1枚の皿に5個ずつのせる。

(1)、1個ずつのせる場合の合計の個数と5個ずつのせる場合の合計の個数の差を考えてりんごの合計の個数の差を求めなさい。
（式・図・考え方）

答（　　　　個　）

(2)、りんごの個数の差は、皿の枚数が4枚のときは皿の枚数が1枚のときの4倍になることを考えて、りんごの合計の個数の差を求めなさい。
（式・図・考え方）

答（　　　　個　）

****
例題2、皿が何枚かあります。皿にリンゴを3個ずつのせる場合と5個ずつのせる場合についてのせるリンゴの個数の差がどうなるかを調べましょう。
もし皿が1枚なら、差は5-3=2個です。皿が2枚なら次の2通りの方法で求められます。一つ目は、「3個ずつなら3×2=6個で5個ずつなら5×2=10個になるので、差は10-6=4個」と求めます。二つ目は、「皿が1枚のときの差を2倍すると、皿が2枚のときの差になるので、差は2×2=4個」と求めます。このようにして、次の表の空いたところに当てはまる数や式を書き入れなさい。

ア	皿の枚数	1	2	3	4
イ	3個ずつでの個数	3×1=3	3×2=6		
ウ	5個ずつでの個数	5×1=5	5×2=10		
エ	イとウの差	5-3=2	10-6=4		
オ	1枚での差を何倍	省略	2×2=4		
カ	差の集まり	2			8

イウ行は1枚の皿に3個または5個ずつのせた場合の皿にのせるリンゴの個数の合計を表します。
エ行ではイ行とウ行の差からカ行の差の集まりを求めます。
オ行では皿1枚のときの差を元にして、皿が2枚なら差も2倍、皿が3枚なら差も3倍になることを利用して差の集まりを求めます。

解答欄（かいとうらん）

ア	皿の枚数	1	2	3	4
イ	3個ずつでの個数	3×1=3	3×2=6	**3×3=9**	**3×4=12**
ウ	5個ずつでの個数	5×1=5	5×2=10	**5×3=15**	**5×4=20**
エ	イとウの差	5-3=2	10-6=4	**15-9=6**	**20-12=8**
オ	1枚での差を何倍	省略	2×2=4	**2×3=6**	**2×4=8**
カ	差の集まり	2	**4**	**6**	8

****

類題2-1、皿が何枚かあります。皿にリンゴを3個ずつのせる場合と7個ずつのせる場合についてのせるリンゴの個数の差がどうなるかを調べましょう。次の表の空いたところに当てはまる数や式を書き入れなさい。

ア	皿の枚数	1	2	3	4
イ	4個ずつでの個数	4×1=4	4×2=8		
ウ	7個ずつでの個数	7×1=7	7×2=14		
エ	イとウの差	7-4=3	14-8=6		
オ	1枚での差を何倍	省略	3×2=6		
カ	差の集まり	3			12

****

例題3、子どもが何人かいます。赤の色紙を1人に3枚ずつ、緑の色紙を1人に5枚ずつ配ります。子どもの人数によって配る色紙の枚数がどうなるのかを表を使って調べましょう。

(1)、子どもが8人のときに配る色紙の枚数の差について、「緑の色紙の枚数の合計-赤の色紙の枚数の合計=色紙の枚数の差」という考え方で求めなさい。
　（式・図・考え方）3×8=24枚…赤の色紙の枚数の合計、5×8=40枚…緑の色紙の枚数の合計、40-24=16枚…色紙の枚数の差。
　　　　　　　　　　　　　　　　　　　　　　　　　答（　16枚　）

(2)、子どもが8人のときに配る色紙の枚数の差について、「子どもが1人のときの色紙の枚数の差を8倍すると子どもが8人のときの色紙の枚数の差」という考え方で求めなさい。
　（式・図・考え方）5-3=2枚…子どもが1人のときの色紙の枚数の差、
2×8=16枚…子どもが8人のときの色紙の枚数の差。
　　　　　　　　　　　　　　　　　　　　　　　　　答（　16枚　）

(3)、次の表の空いたところにあてはまる数や式をに書き入れなさい。

子どもの人数	1		9	16
赤の枚数	3		3×9=27	
緑の枚数	5		5×9=45	
緑と赤の差	5-3=2		45-27=18	
1人のときの何倍	2×1=2		2×9=18	
差の集まり	2	10	18	

答

子どもの人数	1	5	9	16
赤の枚数	3	3×5=15	3×9=27	3×16=48
緑の枚数	5	5×5=25	5×9=45	5×16=80
緑と赤の差	5-3=2	25-15=10	45-27=18	80-48=32
1人のときの何倍	2×1=2	2×5=10	2×9=18	2×16=32
差の集まり	2	10	18	32

****

類題3-1、子どもが何人かいます。赤の色紙を1人に7枚ずつ、青の色紙を1人に4枚ずつ配ります。子どもの人数によって配る色紙の枚数がどうなるのかを表を使って調べましょう。

⑴、子どもが7人のときに配る色紙の枚数の差について、「赤の色紙の枚数の合計-青の色紙の枚数の合計=色紙の枚数の差」という考え方で求めなさい。
（式・図・考え方）

答（　　　　枚　）

⑵、子どもが9人のときに配る色紙の枚数の差について、「子どもが1人のときの色紙の枚数の差を9倍すると子どもが9人のときの色紙の枚数の差」という考え方で求めなさい。
（式・図・考え方）

答（　　　　枚　）

⑶、次の表の空いたところにあてはまる数や式を書き入れなさい。

子どもの人数	1		8	14
赤の枚数	7		7×8=56	
青の枚数	4		4×8=32	
青と赤の差	7-4=3		56-32=24	
1人のときの何倍	3×1=3		3×8=24	
差の集まり	3	12	24	

第2章、1単位の差が集まって差の集まりになる考え方

****

例題1、皿が何枚かあります。下図の様に、りんごを1枚の皿に1個ずつのせる場合と3個ずつのせる場合について考えます。

(1)、もし皿の枚数が7枚だと、りんごを1枚の皿に1個ずつのせる場合と3個ずつのせる場合とでは、りんごの個数の差は何個になりますか。
　（式・図・考え方）皿が1枚だと、りんごの個数の差は3-1=2個です。皿が7枚だと、差は7倍になるので、2×7=14個となります。

答（　14個　）

(2)、りんごを1枚の皿に1個ずつのせる場合と3個ずつのせる場合とでは、りんごの個数の差が18個となるのは、皿が何枚のときですか。
　（式・図・考え方）

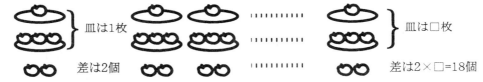

皿が1枚の場合は、3-1=2個の差です。差が18個なので、18÷2=9倍になっているので、皿も9枚となります。

答（　9枚　）

****

類題1-1、皿が何枚かあります。下図の様に、りんごを1枚の皿に1個ずつのせる場合と4個ずつのせる場合について考えます。

(1)、もし皿の枚数が6枚だと、りんごを1枚の皿に1個ずつのせる場合と4個ずつのせる場合とでは、りんごの個数の差は何個になりますか。
　（式・図・考え方）

答（　　　個）

(2)、りんごを1枚の皿に1個ずつのせる場合と4個ずつのせる場合とでは、りんごの個数の差が36個となるのは、皿が何枚のときですか。
（式・図・考え方）

答（　　　枚）

＊＊＊＊＊＊＊＊＊＊＊＊＊＊＊＊＊＊＊＊＊＊＊＊＊＊＊＊＊＊＊＊＊＊＊＊＊
例題2、りんごを1人に3個ずつくばり、みかんを1人に5個ずつくばります。3人に配ると配られたりんごとみかんの個数の差は何個になりますか。（配る：くばる）
（式・図・考え方）

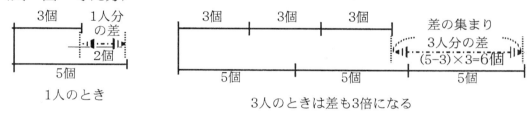

1人のとき　　　　　　3人のときは差も3倍になる

1人に配ると5-3=2個の差になります。2人に配ると差も2倍の2×2=4個、3人に配ると差も3倍の2×3=6個になります。ですから、答えは6個です。

答（　6個　）
＊＊＊＊＊＊＊＊＊＊＊＊＊＊＊＊＊＊＊＊＊＊＊＊＊＊＊＊＊＊＊＊＊＊＊＊＊
類題2-1、りんごを1人に2個ずつくばり、みかんを1人に6個ずつくばります。5人に配ると配られたりんごとみかんの個数の差は何個になりますか。
（式・図・考え方）

答（　　　個）

＊＊＊＊＊＊＊＊＊＊＊＊＊＊＊＊＊＊＊＊＊＊＊＊＊＊＊＊＊＊＊＊＊＊＊＊＊
例題3、子どもが何人かいます。りんごを1人に3個ずつくばり、みかんを1人に5個ずつくばりました。くばられたりんごとみかんの個数の差が12個になりました。子どもは何人いますか。
（式・図・考え方）1人に配ると5-3=2個の差になります。2人に配ると差も2倍の2×2=4個、3人に配ると差も3倍の2×3=6個になります。このようにしてX人に配って12個になったのですから、2×X=12個になります。X=12÷2=6人。ですから、答えは6人です。

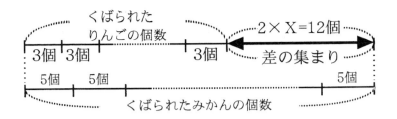

答（　6人　）

＊＊
類題3-1、子どもが何人かいます。りんごを1人に5個ずつくばり、みかんを1人に7個ずつくばりました。くばられたりんごとみかんの個数の差が24個になりました。子どもは何人いますか。
（式・図・考え方）

答（　　　　人　）

＊＊
例題4、あめを何人かの子どもに分けようとして、1人に8個ずつにすると18個余ります。1人に10個ずつにするとちょうど分けられます。子どもの人数とあめの数はいくらですか。
（式・図・考え方）

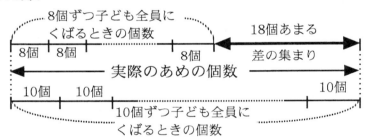

もし子どもが1人だと10-8=2個の差になります。2人に配ると差も2倍の2×2=4個、3人に配ると差も3倍の2×3=6個になります。子ども全員に8個くばるときと、10個くばるときの差は18個になります。1人分の差が2個なので、子どもは18÷2=9人になります。

また、「1人に8個ずつにすると18個余ります。」から、あめは　8×9+18=90個あります。さらに、「1人に10個ずつにするとちょうど分けられます」から　10×9=90個です。2通りの方法であめの個数を計算することが検算にもなります。　　　　　　答（　子どもは9人、あめは90個　）
＊＊

類題4-1、あめを何人かの子どもに分けようとして、1人に6個ずつにすると54個余ります。1人に9個ずつにするとちょうど分けられます。子どもの人数とあめの数はいくらですか。
（式・図・考え方）

答（　子どもは　　　人、あめは　　　個　）

****

例題5、えんぴつを子ども何人かに分けようと思います。1人に6本ずつ分けようとすると8本足らないので、4本ずつにするとちょうど分けられます。子どもの人数とえんぴつの本数はいくらですか。
（式・図・考え方）

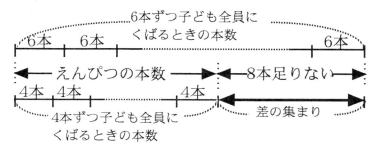

もし子どもが1人だと6-4=2本の差になります。2人に配ると差も2倍の2×2=4本、3人に配ると差も3倍の2×3=6本になります。子ども全員に6本ずつくばるときと、4本ずつくばるときの差は8本になります。ですから、子どもは8÷2=4人です。

また、「1人に4本ずつにするとちょうど」から、えんぴつは　4×4=16本あります。さらに、「6本ずつ分けようとすると8本不足します」から
6×4-8=16本です。2通りの方法でえんぴつの本数を計算することが検算にもなります。

答（　子どもは4人、えんぴつは16本　）
****

類題5-1、えんぴつを子ども何人かに分けようと思います。1人に8本ずつ分けようとすると24本不足し、5本ずつにすると過不足がありません。子どもの人数とえんぴつの数はいくらですか。（過不足：かふそく；多すぎたり少なすぎたりすること）
（式・図・考え方）

答（　子どもは　　　人、えんぴつは　　　本　）

確認テスト （1単位の差が集まって差の集まりになる考え方）
　　月　日（　　　点/100）　　時間20分：合格80点

[1] 皿が何枚かあります。下図の様に、りんごを1枚の皿に3個ずつのせる場合と5個ずつのせる場合について考えます。

(1)、もし皿の枚数が8枚だと、りんごを1枚の皿に3個ずつのせる場合と5個ずつのせる場合とでは、りんごの個数の差は何個になりますか。
（式・図・考え方）

答（　　　個　）[10点]

(2)、りんごを1枚の皿に3個ずつのせる場合と5個ずつのせる場合とでは、りんごの個数の差が30個となるのは、皿が何枚のときですか。
（式・図・考え方）

答（　　　枚　）[10点]

[2] りんごを1人に4個ずつくばり、みかんを1人に7個ずつくばります。6人に配ると配られたりんごとみかんの個数の差は何個になりますか。
（式・図・考え方）

答（　　　個　）[20点]

［３］ 子どもが何人かいます。りんごを1人に2個ずつくばり、みかんを1人に5個ずつくばりました。くばられたりんごとみかんの個数の差が54個になりました。子どもは何人いますか。
（式・図・考え方）

答（　　　人　）［20点］

［４］ あめを何人かの子どもに分けます。1人に5個ずつにすると48個余りますが、1人に7個ずつにするとちょうど分けられます。子どもの人数とあめの数はいくらですか。
（式・図・考え方）

答（　子どもは　　人、あめは　　個　）［20点］

［５］ 何本かのえんぴつを何人かの子どもに分けました。1人に3本ずつ分けようとすると36本足りなかったので、2本ずつにしたらちょうどくばれました。子どもは何人いて、えんぴつ何本ありましたか。
（式・図・考え方）

答（　子どもは　　人、えんぴつは　　本　）［20点］

第3章、全体の差に過不足が関係する場合

****

例題1、あめを何人かの子どもに分けようとして、1人に7個ずつにすると30個余ります。1人に10個ずつにしてもまだ6個余ることがわかりました。

(1)、次の図に当てはまる数を書き入れなさい。

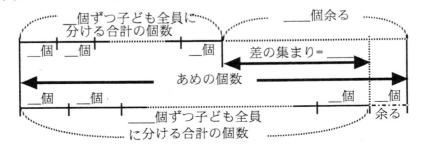

(2)、子どもの人数とあめの個数はいくらですか。

例題1の解答
(1)、

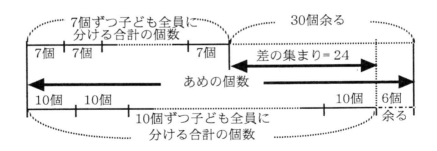

(2)、(式・考え方) 子どもをX人とする。問題文は「7個ずつX人に分けるとあめの数より30個少なく、10個ずつX人に分けるとあめの数より6個少ないこと」を意味しています。ですから、差の集まりは30-6=24個です。子ども一人あたりの差は10-7=3個ですから、子どもの人数は24÷3=8人です。また、「1人に7個ずつにすると30個余ります」から、あめは 7×8+30=86個あります。さらに、「1人に10個ずつにしてもまだ6個余る」から 10×8+6=86個です。2通りの方法であめの個数を計算することが検算にもなります。

答(子どもは8人、あめは86個)

****

類題1-1、あめを何人かの子どもに分けようとして、1人に6個ずつにすると42個余ります。1人に8個ずつにしてもまだ10個余ることがわかりました。子どもの人数とあめの個数はいくらですか。

(1)、次の図に当てはまる数を書き入れなさい。

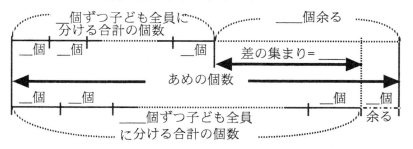

(2)、子どもの人数とあめの個数はいくらですか。
（式・考え方）

答（　子どもは　　人、あめは　　個　）

類題1-2、夏休みにある本を読むことにした。毎日7ページずつ予定の日数だけ読むと80ページ読めない。また、毎日10ページずつ予定の日数だけ読んでも2ページ残ります。予定の日数と本のページ数を求めなさい。（頁=ページ）
（式・図・考え方）

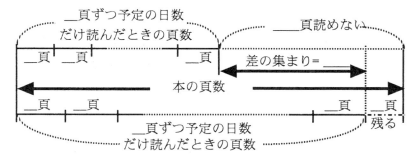

答（　予定の日数は　　日、本のページ数は　　頁　）

****

例題2、おり紙があります。1人に3枚ずつ分けると9枚不足し、5枚ずつにすると33枚の不足になります。人数と枚数を求めなさい。

（式・図・考え方）不足すると言うのは、分けようとする枚数の方が、実際にある枚数より多いということです。問題文は「3枚ずつX人に分けるとするとある枚数より9枚多くなり、5枚ずつX人に分けるとするとある枚数より33枚多くある。」ことを意味しています。ですから、差の集まりは33-9=24枚です。子ども1人あたりの差は5-3=2枚ですから、子どもの人数は24÷2=12人です。

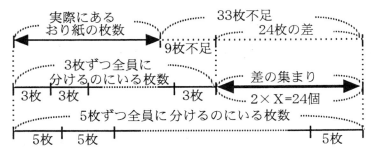

また、「1人に3枚ずつ分けると9枚不足し」から、おり紙は 3×12-9=27枚あります。さらに、「5枚ずつにすると33枚の不足になります」から 5×12-33=27枚です。2通りの方法でおり紙の枚数を計算することが検算にもなります。

　　　　　　　　　　　　　　　答（　人数は12人、おり紙は27枚　）

****

類題2-1、何枚かのおり紙があります。これを何人かの子どもに分けようと思います。1人に7枚ずつにすると30枚のおり紙が足りません、そこで4枚ずつ分けようとしてもまだ3枚足りません。人数とおり紙の枚数を求めなさい。
（式・図・考え方）

　　　　　　　　　　　　　答（　人数は　　人、おり紙は　　枚　）

****

例題3、子どもが何人かいます。リンゴが何個かあります。このリンゴを子どもたちに分配します。リンゴを1人に4個ずつ分配しようとすると8個余り、7個ずつにすると25個足りなくなります。（分配：ぶんぱい）
⑴、次の図に当てはまる数を書き入れなさい。

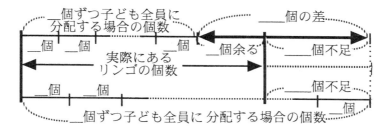

(2)、子どもの人数とリンゴの個数はいくらですか。
_____
例題3の解答、
(1)

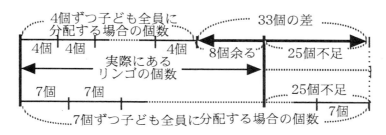

(2)、人数をX人とすると、「4個ずつ分配しようとすると8個余り」は「実際にある個数は4×X個より8個多い」ことを意味しています。また、「7個ずつにすると25個足りなくなります」は「実際にある個数は7×X個より25個少ない」ことを意味しています。ですから、差の集まりは8+25=33個です。1人あたりの差は7-4=3個ですから人数は33÷3=11人です。

　人数は11人なので、「4個ずつ分配しようとすると8個余り」から、リンゴは　4×11+8=52個あります。さらに、「7個ずつにすると25個足りなくなります」から　7×11-25=52個です。2通りの方法でリンゴの個数を計算することが検算にもなります。

　　　　　　　　　　　　　　　　答（　人数は11人、リンゴは52個　）
****

類題3-1、リンゴを1人に5個ずつ分配しようとすると11個余り、9個ずつにすると29個足りなくなります。分配する人数とリンゴの個数はいくらですか。
（式・図・考え方）

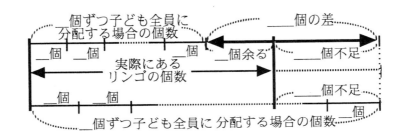

答（　人数は　　人、リンゴは　　個　）

****

例題4、色紙が何枚かありました。1人に6枚ずつにすると72枚余りました。そこでさらに2枚ずつ多く配るようにしても、まだ8枚余りました。色紙の枚数と人数を求めなさい。

（式・図・考え方）配る枚数の差について考えます。このような問題の場合、「さらに2枚ずつ多く配る」ので、1人なら「2枚」、X人なら「2×X枚」となる。一方、「差の集まり」は図のように72-8=64枚となります。

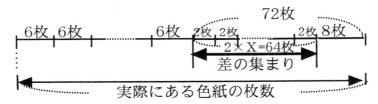

ですから、人数は64÷2=32人。色紙は6×32+72=264枚。

答（　人数は32人、色紙は264枚　）

****

類題4-1、何枚かの色紙を何人かの人に分けました。1人に5枚ずつにすると48枚余りました。そこでさらに3枚ずつ多く配るようにしても、まだ6枚余りました。色紙の枚数と人数を求めなさい。

（式・図・考え方）

答（　人数は　　人、色紙は　　　枚　）

確認テスト(差集め算・全体の差に過不足が関係する場合)
　　月　日（　　　点/100）　時間20分：合格75点

［1］　クラスのみんなに、リンゴを1人に4個ずつ配ろうとすると40個あまるので、6個ずつ配ることにしたが、それでも6個あまりました。クラスの人数とリンゴの個数はいくらですか。
（式・図・考え方）

　　　　　　　　答（　クラスの人数は　　　人、リンゴは　　　個　）［25点］

［2］　おり紙があります。1人に5枚ずつ分けると15枚あまります。7枚ずつにすると21枚の不足になります。人数とおり紙の枚数を求めなさい。
（式・図・考え方）

　　　　　　　　答（　人数は　　　人、おり紙は　　　枚　）［25点］

［3］　リンゴを1人に8個ずつ分配しようとすると31個不足するので、5個ずつにしましたがそれでも4個足りません。分配する人数とリンゴの個数はいくらですか。
（式・図・考え方）

　　　　　　　　答（　人数は　　　人、リンゴは　　　個　）［25点］

［4］　何枚かの色紙を何人かの人に分けました。1人に9枚ずつにすると22枚余りました。そこでさらに2枚ずつ多く配るようにすると、10枚たりなくなります。色紙の枚数と人数を求めなさい。
（式・図・考え方）

　　　　　　　　答（　人数は　　　人、色紙は　　　枚　）［25点］

シリーズ11　鶴亀算と差集め算の考え方・整数範囲　解答解説

第1編、つるかめ算
第1章、図表による解き方

p.4　類題1-1、(1)、（式・図・考え方）りんご5個をのせる皿は5-1=4枚です。りんご2個をのせる皿が1枚なのでここでは合計2×1=2個あります。また、りんご5個をのせる皿は4枚ですから合計5×4=20個となります。この合計は2+20=22個のりんごになります。

式1：　　　2×1=2個…りんご2個をのせる皿にのった合計個数
　　　　5×4=20個…りんご5個をのせる皿にのった合計個数
　　　　2+20=22個…5枚の皿にのっているりんごの合計個数

式2：　　　一つの式にすると、2×1+5×4=22個　　　　　　答（　22個　）

(2)、考え方1：問題の図をみると、全体の個数は10個、13個、16個、19個、22個、25個と3個ずつ増えている。式：13-10=3個（16-13=3、19-16=3、・・・）
考え方2：1枚の皿について考えると、2個から5個に増えるので、5-2=3個増える。式：5-2=3個　　　　　　　　　　　　　答（　3個　）

(3)、図をみてあてはまる組み合わせをさがします。図の上から4番目のときに、合計の個数が19個になります。りんごを1個のせる皿は2枚なので、2×2=4個のりんごがあります。りんごを5個のせる皿は3枚なので、5×3=15個のりんごがあります。合計で4+15=19個あります。　　答（　りんごを2個のせる皿は2枚、りんごを5個のせる皿は3枚　）

p.6　類題2-1、
(1)、4×2=8本…亀の足の本数の和、5-2=3びき…カブト虫のひき数、6×3=18本…カブト虫の足の本数の和、8+18=26本…全体の足の本数の和。
式：4×2+6×(5-2)=26本　　　　　　　　　　　　答（　26本　）

(2)

亀の匹数	5匹	4匹	3匹	2匹	1匹	0匹
亀の足数の和	20本	16本	12本	8本	4本	0本
カブト虫の匹数	0匹	1匹	2匹	3匹	4匹	5匹
カブト虫の足数の和	0本	6本	12本	18本	24本	30本
亀とカブト虫の匹数の和	5匹	5匹	5匹	5匹	5匹	5匹
亀とカブト虫の足数の和	20本	22本	24本	26本	28本	30本

(3)、表をみると左から2列目です。亀は4匹、カブト虫は1匹です。
　　　　　　　　　　　　　答（　亀は4匹、カブト虫は1匹　）

p.7　類題3-1、
(1)、

7円切手の枚数	0枚	1枚	2枚	3枚	4枚
10円切手の枚数	4枚	3枚	2枚	1枚	0枚
切手の合計金額	40円	37円	34円	31円	28円

(2)、10円が7円に変わるので、10-7=3円の金額が減ります。

答（ 3円減る ）

(3)、表をみると、左から2番目が合計金額が37円になっています。7円切手は1枚、10円切手は3枚となる。

答（ 7円切手1枚、10円切手3枚 ）

確認テスト（第1章、図表による解き方）

p.9 [1] (1)、式1：　　4-2=2枚…りんご5個をのせる皿の枚数
　　　　　　　　3×2=6個…りんご3個をのせる皿にのった合計個数
　　　　　　　　5×2=10個…りんご5個をのせる皿にのった合計個数
　　　　　　　　6+10=16個…4枚の皿にのっているりんごの合計個数
　　　式2：　　一つの式にすると、3×2+5×2=16個　　　答（ 16個 ）

(2)、考え方1：問題の図をみると、全体の個数は12個、14個、16個、18個、20個と2個ずつ増えている。式：14-12=2個（16-14=2、18-16=2、・・・）
考え方2：1枚の皿について考えると、3個から5個に増えるので、5-3=2個増える。式：5-3=2個

答（ 2個 ）

(3)、図をみてあてはまる組み合わせをさがします。図の上から4番目のときに、合計の個数が18個になります。

答（ りんごを3個のせる皿は1枚、りんごを5個のせる皿は3枚 ）

[2] (1)、

りんごの個数(個)	6	5	4	3	2	1	0
りんごの代金合計(円)	480	400	320	240	160	80	0
みかんの個数(個)	0	1	2	3	4	5	6
みかんの代金合計(円)	0	30	60	90	120	150	180
りんごとみかんの合計個数(個)	6	6	6	6	6	6	6
りんごとみかんの合計代金(円)	480	430	380	330	280	230	180

(2)、80円のりんごが30円のみかんに変わると合計代金は80-30=50円減ることになる。

答（ 50円ずつ減る ）

(3)、表をみると合計代金が280円になるのは、右から3列目です。

答（ りんごは2個、みかんは4個 ）

p.10 [3] 8円切手と10円切手を合わせて5枚買うことにします。それぞれを何枚買うと切手の合計金額がいくらになるかを計算します。

(1)、

8円切手の枚数	0枚	1枚	2枚	3枚	4枚	5枚
10円切手の枚数	5枚	4枚	3枚	2枚	1枚	0枚
切手の合計金額	50円	48円	46円	44円	42円	40円

(2)、8円から10円に変わると10-8=2円増える。　　　答（ 2円増える ）

(3)、表をみると44円となるのは右から3列目。　答（　8円切手3枚、10円切手2枚　）

第2章、一方に仮定する解き方・基本

p.12 類題1-1、
(1)、3個ずつ5箱あるので3×5=15個です。　　　　　　　　　　　答（　15個　）
(2)、1箱だけを代えるので、4-2=2個増えます。　　　　　　　　　答（　2個　）
(3)、問題文を読むと実際にあるボールの個数は19個です。また、(1)の答は15個です。ですから、(1)の答と実際にあるボールの個数との差は　19-15=4個　です。答（　4個　）
(4)、1回代えると2個増えます。(1)の状態は合計15個で、4個増えると15+4=19個になる。4個増やすには4÷2=2回すればよい。　　　　　　　　　　　　　答（　2回　）
(5)、(4)の答えから5個入りの箱が2箱になることが分かります。3個入りの箱は5-2=3箱になります。　　　　　　　　　　　答（　3個入りは3箱と5個入りは2箱　）
(6)、3×3=9個、5×2=10個。9+10=19個。　答（　3個×3箱+5個×2箱=19個　）

p.13 類題1-2、
(1)、1個ずつ5箱あるので1×5=5個です。　　　　　　　　　　　答（　5個　）
(2)、1箱だけを代えるので、6-1=5個増えます。　　　　　　　　　答（　5個　）
(3)、問題文を読むと実際にあるボールの個数は25個です。また、(1)の答は5個です。ですから、(1)の答と実際にあるボールの個数との差は　25-5=20個です。　答（　20個　）
(4)、1回代えると5個増えます。(1)の状態は合計5個で、20個増えると5+20=25個になる。20個増やすには20÷5=4回すればよい。　　　　　　　　　　　答（　4回　）
(5)、(4)の答えから6個入りの箱が4箱になることが分かります。1個入りの箱は5-4=1箱になります。　　　　　　　　　　　答（　1個入りは1箱と6個入りは4箱　）
(6)、1×1=1個、6×4=24個。1+24=25個。　答（　1個×1箱+6個×4箱=25個　）

p.15 類題2-1、
(1)、鶴1羽の足数は2本、亀1匹の足数は4本です。仮に8匹とも鶴だとして足数を計算すると、2×8=16本になります。　　　　　　　　　　　答（　16本　）
(2)、4-2=2本増えます。　　　　　　　　　　　答（　2本　）
(3)、問題文より実際の足数の合計は26本で、(1)の答は16本です。ですから、(1)の答と実際の足数の差は　26-16=10本　です。　　　　　　　　　答（　10本　）
(4)、1回すると合計は2本増える、10本増えるには10÷2=5回すればよい。
　　　　　　　　　　　答（　5回　）
(5)、(4)の答から亀は5匹になり、鶴は8-5=3羽となります。　答（鶴は3羽、亀は5匹）
(6)、　　　　　　　　　　　答（　2本×3羽+4本×5匹=26本　）

p.16 類題2-2、
(1)、2×10=20本　　　　　　　　　　　答（　20本　）
(2)、4-2=2本　　　　　　　　　　　答（　2本　）
(3)、28-20=8本　　　　　　　　　　　答（　8本　）
(4)、(28-20)÷(4-2)=8÷2=4…4回　　　　　　　　　　　答（　4回　）
(5)、(4)の答が亀の匹数になります。ですから、亀は4匹です。鶴は10-4=6羽になります。　　　　　　　　　　　答（　鶴は6羽、亀は4匹　）
(6)、　　　　　　　　　　　答（　2本×6羽+4本×4匹=28本　）

類題2-3、
(1)、2×12=24本　　　　　　　　　　　答（　24本　）
(2)、4-2=2本　　　　　　　　　　　答（　2本　）

(3)、38-24=14本　　　　　　　　　　　　　　　　　　　　　　　　　答（ 14本 ）
(4)、(38-24)÷(4-2)=14÷2=7 匹　　　　　　　　　　　　　　　　　答（ 7匹 ）
(5)、12-7=5…鶴　　　　　　　　　　　　　　　　　　　　　　　　答（ 5羽 ）
(6)、　　　　　　　　　　　　　　　　　　答（ 2本×5羽+4本×7匹=38本 ）

p.18　類題3-1、
(1)、仮に12枚とも10円硬貨だとしてお金の合計を計算すると、10×12=120円になります。　　　　　　　　　　　　　　　　　　　　　　　　　　　　　　答（ 120円 ）
(2)、10-5=5円減ります。　　　　　　　　　　　　　　　　　　　　答（ 5円 ）
(3)、問題文を読むと実際は85円で、(1)の答は100円です。これから、(1)の答と実際との差は　120-85=35円　です。　　　　　　　　　　　　　　　　　答（ 35円 ）
(4)、10円硬貨を1枚5円硬貨に代えるとお金の合計は5円減る、35円減るには35÷5 = 7枚代えればよい。　　　　　　　　　　　　　　　　　　　　　　　　答（ 7枚 ）
(5)、(4)の答は5円硬貨の枚数になる。10円硬貨は12-7=5枚となる。
　　　　　　　　　　　　　　　　　　答（ 5円硬貨7枚、10円硬貨5枚 ）
(6)、　　　　　　　　　　　　　　　　　　　　答（ 5×7+10×5=85 ）

類題3-2、
(1)、仮に10枚とも1円硬貨だとしてお金の合計を計算すると、1×10=10円になります。
　　　　　　　　　　　　　　　　　　　　　　　　　　　　　　　答（ 10円 ）
(2)、5-1=4円増える　　　　　　　　　　　　　　　　　　　　　　答（ 4円 ）
(3)、問題文を読むと実際は38円で、(1)の答は10円です。これから、(1)の答と実際との差は　38-10=28円　です。　　　　　　　　　　　　　　　　　　答（ 28円 ）
(4)、1円硬貨を1枚5円硬貨に代えるとお金の合計は4円増える、28円増えるには28÷4 = 7枚代えればよい。　　　　　　　　　　　　　　　　　　　　　　　答（ 7枚 ）
(5)、(4)の答は5円硬貨の枚数になる。1円硬貨は10-7=3枚となる。
　　　　　　　　　　　　　　　　　　答（ 1円硬貨3枚、5円硬貨7枚 ）
(6)、1円硬貨の金額は1円×3枚=3円、5円硬貨の金額は5円×7枚=35円。ですから合計は3+35=38円　　　　　　　　　　　　　　　　　　　答（ 1×3+5×7=38 ）

p.19　類題3-3、
(1)、仮に12枚とも5円硬貨だとしてお金の合計を計算すると、5×12=60円になります。
　　　　　　　　　　　　　　　　　　　　　　　　　　　　　　　答（ 60円 ）
(2)、5-1=4円減ります。　　　　　　　　　　　　　　　　　　　答（ 4円減る ）
(3)、60-24=36円　　　　　　　　　　　　　　　　　　　　　　　　答（ 36円 ）
(4)、1枚で4円減るので36円減らすためには、36÷4=9枚代えればよい。　答（ 9枚 ）
(5)、(4)の答は1円硬貨の枚数になる。5円硬貨は12-9=3枚となる。
　　　　　　　　　　　　　　　　　　　答（ 1円硬貨9枚、5円硬貨3枚 ）
(6)、1円硬貨の金額は1円×9枚=9円、5円硬貨の金額は5円×3枚=15円。ですから合計は9+15=24円。　　　　　　　　　　　　　　　　　　答（ 1×9+5×3=24 ）

p.20　類題3-4、
(1)、もし10枚とも5円切手だとすると、5円×10枚=50円になります。　答（ 50円 ）
(2)、8-5=3円増える。　　　　　　　　　　　　　　　　　　　　　　答（ 3円 ）
(3)、62-50=12円　　　　　　　　　　　　　　　　　　　　　　　　答（ 12円 ）
(4)、12÷3=4枚　　　　　　　　　　　　　　　　　　　　　　　　　答（ 4枚 ）
(5)、10-4=6枚…5円切手　　　　　　　　　　答（ 5円切手6枚、8円切手4枚 ）

(6)、5円切手の代金は5円×6枚=30円、8円切手の代金は8円×4枚=32円。ですから合計は30+32=62円。　　　　　　　　　　　　　　　答（ 5×6+8×4=62 ）

類題3-5、
(1)、もし20枚とも8円切手だとすると、8円×20枚=160円になります。答（ 160円 ）
(2)、15-8=7円増える。　　　　　　　　　　　　　　　　　　　　答（ 7円 ）
(3)、202-160=42円　　　　　　　　　　　　　　　　　　　　　　答（ 42円 ）
(4)、(202-8×20)÷(15-8)=42÷7=6枚…15円切手　　　　　　　　答（ 6枚 ）
(5)、20-6=14枚…8円切手　　　　　答（ 8円切手 14枚、15円切手 6枚 ）
(6)、8円切手の代金は8円×14枚=112円、15円切手の代金は15円×6枚=90円。ですから合計は112+90=202円。　　　　　　　　　答（ 8×14+15×6=202 ）

p.21 類題4-1、もし全部りんごなら10×15=150円。実際の代金との差は150-132=18円。1個をみかんに代えると10-8=2円減ります。1個8円のみかんは18÷2=9個と分かる。1個10円のりんごは15-9=6個となる。
　　式：(10×15-132)÷(10-8)=9個…みかん、15-9=6個…りんご
　　　検算…10×6+8×9=132円
　　別解：(132-8×15)÷(10-8)=6個…りんご　　　　答え（ りんごは6個 ）

p.22 類題4-2、もし全部12円切手なら12×30=360円。実際の代金との差は360-275=85円。1枚を7円切手に代えると12-7=5円減ります。7円切手は85÷5=17枚と分かる。12円切手は30-17=13枚となる。
　　式：(12×30-275)÷(12-7)=17枚…7円切手、30-17=13枚…12円切手
　　　検算…7×17+12×13=275円
　　別解：(275-7×30)÷(12-7)=13枚…12円切手　　答え（ 12円切手13枚 ）

p.23 類題5-1、
(1)、60円ずつ30人に分けることになるので、60円×30人=1800円になります。
　　　　　　　　　　　　　　　　　　　　　　　　　　　答（ 1800円 ）
(2)、　　　　　　　　　　　　　　　　　　　　　　　　　答（ 20円ずつ ）
(3)、1800-1580=220円…実際に分けた金額との差、220÷20=11人…20円ずつ少なく分けた人数、30-11=19人…60円ずつ分けた人数は
　　　　　　　答（60円ずつ分けた人数は19人、20円ずつ少なく分けた人数は11人）
(4)、検算の式を書きなさい。
　（式・図・考え方）60円ずつ分けた金額は60×19=1140円。20円ずつ少なく分けた金額は(60-20)×11=440円。合計金額は1140+440=1580円となります。
　　　　　　　　　　　　　　　　　　答（ 60×19+(60-20)×11=1580 ）

確認テスト （一方に仮定する解き方）

p.24 ［1］
(1)、4×18=72本　　　　　　　　　　　　　　　　　　　　　　答（ 72本 ）
(2)、4-2=2本　　　　　　　　　　　　　　　　　　　　　　　　答（ 2本 ）
(3)、72-50=22本　　　　　　　　　　　　　　　　　　　　　　答（ 22本 ）
(4)、(72-50)÷(4-2)=22÷2=11…鶴の数　　　　　　　　　　　答（ 11羽 ）
(5)、18-11=7匹…亀　　　　　　　　　　　　　　答（ 鶴は11羽、亀は7匹 ）
(6)、答（ 2本×11羽+4本×7匹＝50本 ）
［2］

(1)、もし20枚とも10円切手だとすると、10円×20枚=200円になります。
　　　　　　　　　　　　　　　　　　　　　　　　　　　　　　答（　200円　）
(2)、10-5=5円減る。　　　　　　　　　　　　　　　　　　　　答（　5円　）
(3)、200-165=35円　　　　　　　　　　　　　　　　　　　　　答（　35円　）
(4)、(10×20-165)-(10-5)=35÷5=7枚…5円切手　　　　　　　　答（　7枚　）
(5)、20-7=13枚…10円切手　　　　　　　　答（　5円切手7枚、10円切手13枚　）
(6)、5円切手の代金は5円×7枚=35、10円切手の代金は10円×13枚=130円。ですから
合計は35+130=165円。　　　　　　　　　　　　答（　5×7+10×13=165　）

p.25 〔3〕
(1)、10×30=300円　　　　　　　　　　　　　　　　　　　　　答（　300円　）
(2)、50-10=40円増える　　　　　　　　　　　　　　　　　　　答（　40円　）
(3)、780-300=480円　　　　　　　　　　　　　　　　　　　　答（　480円　）
(4)、480円増えるには480÷40=12枚代えればよい。　　　　　　答（　12枚　）
(5)、30-12=18枚…10円硬貨　　　　　　　答（　10円硬貨18枚、50円硬貨12枚　）
(6)、　　　　　　　　　　　　　　　　　　　　　答（　10×18+50×12=780　）

〔4〕
(1)、5個×17=85個　　　　　　　　　　　　　　　　　　　　　答（　85個　）
(2)、8-5=3個増える　　　　　　　　　　　　　　　　　　　　　答（　3個　）
(3)、112-85=27個　　　　　　　　　　　　　　　　　　　　　答（　27個　）
(4)、27÷3=9回　　　　　　　　　　　　　　　　　　　　　　　答（　9回　）
(5)、(4)の答から8個入りは9箱あり、5個入りは17-9=8箱あります。
　　　　　　　　　　　　　　　　　　　　　　　答（　5個入り8箱、8個入り9箱　）
(6)、答（　5個×8箱+8個×9箱=112個　）

p.26 〔5〕
(1)、70円ずつ20人に分けることになるので、70円×20人=1400円になります。
　　　　　　　　　　　　　　　　　　　　　　　　　　　　　答（　1400円　）
(2)、　　　　　　　　　　　　　　　　　　　　　　　　　　　答（　25円　）
(3)、1400-1300=100円…実際に分けた金額との差、100÷25=4人…25円ずつ少なく分け
た人数、20-4=16人…70円ずつ分けた人数は
　　　　　　　　　答（70円ずつ分けた人数は16人、25円ずつ少なく分けた人数は4人）
(4)、70円ずつ分けた金額は70×16=1120円。25円ずつ少なく分けた金額は(70-25)×
4=180円。合計金額は1120+180=1300円となります。
　　　　　　　　　　　　　　　　　　　　答（　70×16+(70-25)×4=1300　）

第3章、つるかめ算の前に整理が必要な問題

p.27 類題1-1、
(1)、300-5=295円　　　　　　　　　　　　　　　　　　　　　答（　295円　）
(2)、もし全部1本20円のえんぴつなら20×17=340円。実際の代金との差は340-295=45
円。1本を1本15円のえんぴつに代えると20-15=5円減ります。1本15円のえんぴつは45
÷5=9本と分かる。1本20円のえんぴつは17-9=8本となる。
　式：(20×17-295)÷(20-15)=9本…1本15円のえんぴつ
　　　17-9=8本…1本20円のえんぴつ
　別解：(295-15×17)÷(20-15)=8本…1本20円のえんぴつ、17-8=9本…1本15円のえんぴ

つ　　　　答え（　1本20円のえんぴつは 8 本、1本15円のえんぴつは 9 本　）
　　　(3)、　　　　　　　　　　　　　　　答（　20×8+15×9=295　　295+5=300　）
p.28　類題1-2、
　　　(1)、500-59=441円　　　　　　　　　　　　　　　　　　　答（　441円　）
　　　(2)、もし全部1本16円のえんぴつなら16×30=480円。実際の代金との差は480-441=39円。1本を1本13円のえんぴつに代えると16-13=3円減ります。1本13円のえんぴつは39÷3=13本と分かる。1本16円のえんぴつは30-13=17本となる。
　　　式：(16×30-441)÷(16-13)=13本…1本13円のえんぴつ
　　　　　30-13=17本…1本16円のえんぴつ
　　　別解：(441-13×30)÷(16-13)=17本…1本16円のえんぴつ、30-17=13本…1本13円のえんぴつ　　　　答え（　1本16円のえんぴつは 17 本、1本13円のえんぴつは 13 本　）
　　　(3)、　　　　　　　　　　　　　答（　16×17+13×13=441　　441+59=500　）
　　　類題1-3、
　　　(1)、1000-316=684円　　　　　　　　　　　　　　　　　　答（　684円　）
　　　(2)、もし全部1本8円のわりばしなら8×100=800円。実際の代金との差は800-684=116円。1本を1本6円のわりばしに代えると8-6=2円減ります。1本6円のわりばしは116÷2=58本と分かる。1本8円のわりばしは100-58=42本となる。
　　　式：(8×100-684)÷(8-6)=58本…1本6円のわりばし
　　　　　100-58=42本…1本8円のわりばし
　　　別解：(684-6×100)÷(8-6)=42本…1本8円のわりばし、100-42=58本…1本6円のわりばし　　　　答え（　1本8円のわりばしは 42 本、1本6円のわりばしは 58 本　）
　　　(3)、　　　　　　　　　　　　　答（　8×42+6×58=684　　684+316=1000　）
p.29　類題2-1、
　　　(1)、150-2=148個　　　　　　　　　　　　　　　　　　　答（　148個　）
　　　(2)、式：(148-6×20)÷(8-6)=14箱…8個入りの大箱、20-14=6箱…6個入りの小箱
　　　別解：(8×20-148)÷(8-6)=6箱…6個入りの小箱、20-6=14箱…8個入りの大箱
　　　　　　　　答え（　6個入りの小箱は 6 箱、8個入りの大箱は 14 箱　）
　　　(3)、　　　　　　　　　　　　　　　答（　6×6+8×14+2=150　）
　　　類題2-2、
　　　(1)、200+5=205個　　　　　　　　　　　　　　　　　　　答（　205個　）
　　　(2)、式：(205-10×16)÷(15-10)=9箱…15個入りの大箱、16-9=7箱…10個入りの小箱
　　　別解：(15×16-205)÷(15-10)=7箱…10個入りの小箱、16-7=9箱…15個入りの大箱
　　　　　　　　答え（　10個入りの小箱は 7 箱、15個入りの大箱は 9 箱　）
　　　(3)、　　　　　　　　　　　　　　　答（　10×7+15×9-5=200　）
p.31　類題3-1、
　　　(1)、200000-400×150=140000円…中学生と子どもの入園料の合計金額。890-150=740人…中学生と子どもの入園者の合計人数。
　　　　　　　　　　　　　　　答（　合計金額140000円、合計人数は740人　）
　　　(2)、解き方1（はじめに740人全員を中学生と仮定する方法）：(250×740-140000)÷(250-150)=450人…子ども、740-450=290人…中学生。解き方2（はじめに740人全員を子どもと仮定する方法）：(140000-150×740)÷(250-150)=290人…中学生、740-290=450人…子ども　　　　答（　中学生は290人、子どもは450人　）
　　　(3)、400円×150人=60000円…おとなの入園料、250円×290人=72500…中学生の入園

料、150円×450人=67500円…子どもの入園料。
答（ 400×150+250×290+150×450=200000 ）

類題3-2、
(1)、78000-80×400=46000円…おとなと中学生の入園料の合計金額。610-400=210人…おとなと中学生の入園者の合計人数。答（ 合計金額 46000円、合計人数は 210人 ）
(2)、解き方1（はじめに210人全員をおとなと仮定する方法）：(250×210-46000)÷(250-120)=50人…中学生、210-50=160人…おとな。解き方2（はじめに210人全員を中学生と仮定する方法）：(46000-120×210)÷(250-120)=160人…おとな、210-160=50人…中学生
答（ おとなは 160人、中学生は 50人 ）
(3)、250円×160人=40000円…おとなの入園料、120円×50人=6000…中学生の入園料、80円×400人=32000円…子どもの入園料。
答（ 250×160+120×50+80×400=78000 ）

p.32 類題4-1、
(1)、りんごの個数は490÷70=7個です。かきとみかんだけの合計の個数は24-7=17個となります。つぎに、かきとみかんだけの合計の代金は籠（かご）とりんごの代金を差し引いた金額になります。1600-120-490=990円。
答（ 合計の個数は 17個、合計の代金は 990円 ）
(2)、17個ともかきと仮定して解く：(90×17-990)÷(90-30)=9個…みかんの個数、17-9=8個…かきの個数。　答（ かきは8個、みかんは9個 ）
(3)、答（ 70×7+90×8+30×9+120=1600 ）別解（ 490+90×8+30×9+120=1600 ）

確認テスト(つるかめ算・整理が必要な場合)

p.33 ［1］
(1)、2000-800=1200円　　　　　　　　　　　　　答（ 1200円 ）
(2)、20本とも50円と仮定して考えると。(1200-50×20)÷(75-50)=8本…1本75円のえんぴつ、20-8=12本…1本50円のえんぴつ。
別解：20本とも75円と仮定して考えると、(75×20-1200)÷(75-50)=12本…1本50円のえんぴつ。20-12=8本…1本50円のえんぴつ
答え（ 1本75円のえんぴつは8本、1本50円のえんぴつは12本 ）
(3)、　　　　　　　　答（ 75×8+50×12=1200　　1200+800=2000 ）

［2］
(1)、120+18=138個　　　　　　　　　　　　　　　　答（ 138個 ）
(2)、式：(138-6×15)÷(12-6)=8箱…12個入りの大箱、15-8=7箱…6個入りの小箱
別解：(12×15-138)÷(12-6)=7箱…6個入りの小箱、15-7=8箱…12個入りの大箱
答え（ 6個入りの小箱は7箱、12個入りの大箱は8箱 ）
(3)、　　　　　　　　　　　答（ 6×7+12×8-18=120 ）

p.34 ［3］
(1)、103000-150×300=58000円…おとなと中学生の入園料の合計金額。500-300=200人…おとなと中学生の入園者の合計人数。答（ 合計金額 58000円、合計人数は200人 ）
(2)、解き方1（はじめに200人全員をおとなと仮定する方法）：(350×200-58000)÷(350-200)=80人…中学生、200-80=120人…おとな。解き方2（はじめに200人全員を中学生と仮定する方法）：(58000-200×200)÷(350-200)=120人…おとな、200-120=80人…中学生
答（ おとなは 120人、中学生は 80人 ）

(3)、350円×120人=42000円…おとなの入園料、200円×80人=16000…中学生の入園料、150円×300人=45000円…子どもの入園料。

答（　350×120+200×80+150×300=103000　）

[4]
(1)、りんごとかきだけの合計の個数は29-6=23個となります。つぎに、りんごとかきだけの合計の代金は籠（かご）とみかんの代金を差し引いた金額になります。みかんの代金は50×6=300円ですので、2500-340-300=1860円。

答（　合計の個数は23個、合計の代金は1860円　）

(2)、23個ともかきと仮定して解く：(120×23-1860)÷(120-60)=15個…りんごの個数、23-15=8個…かきの個数。

答（　りんごは15個、かきは8個　）

(3)、

答（　60×15+120×8+50×6+340=2500　）

第2編、　差集め算

第1章、図表による解き方

p.35　類題1-1、

(1)、2個ずつのせる場合の合計の個数は2個×5=10個、5個ずつのせる場合の合計5個×5=25個、その差は25-10=15個。

答（　15個　）

(2)、

皿が1枚の場合は、5-2=3個の差です。皿が5枚になると、差も5倍になるので、3×5=15個になる。

答（　15個　）

p.36　類題1-2、

(1)、1個ずつのせる場合の合計の個数は1個×4=4個、5個ずつのせる場合の合計5個×4=20個、その差は20-4=16個。

答（　16個　）

(2)、

皿が1枚の場合は、5-1=4個の差です。皿が4枚になると、差も4倍になるので、4×4=16個になる。

答（　16個　）

p.37 類題2-1、

ア	皿の枚数	1	2	3	4
イ	4個ずつでの個数	4×1=4	4×2=8	**4×3=12**	**4×4=16**
ウ	7個ずつでの個数	7×1=7	7×2=14	**7×3=21**	**7×4=28**
エ	イとウの差	7-4=3	14-8=6	**21-12=9**	**28-16=12**
オ	1枚での差を何倍	省略	3×2=6	**3×3=9**	**3×4=12**
カ	差の集まり	3	**6**	**9**	**12**

p.39 類題3-1、
(1)、7×7=49枚…赤の色紙の枚数の合計、4×7=28枚…青の色紙の枚数の合計、49-28=21枚…色紙の枚数の差。　　　　　　　　　　　　　　　答（ 21枚 ）
(2)、7-4=3枚…子どもが1人のときの色紙の枚数の差、3×9=27枚…子どもが9人のときの色紙の枚数の差。　　　　　　　　　　　　　　　　　　　答（ 27枚 ）
(3)、

子どもの人数	1	**4**	8	**14**
赤の枚数	7	**7×4=28**	7×8=56	**7×14=98**
青の枚数	4	**4×4=16**	4×8=32	**4×14=56**
青と赤の差	7-4=3	**28-16=12**	56-32=24	**98-56=42**
1人のときの何倍	3×1=3	**3×4=12**	3×8=24	**3×14=42**
差の集まり	3	12	24	**42**

第2章、1単位の差が集まって差の集まりになる考え方

p.40 類題1-1、
(1)、皿が1枚だと、りんごの個数の差は4-1=3個です。皿が6枚だと、差は6倍になるので、3×6=18個となります。　　　　　　　　　　　　　　答（ 18個 ）
(2)、

皿が1枚の場合は、4-1=3個の差です。差が36個なので、36÷3=12倍になっているので、皿も12枚となります。　　　　　　　　　　　　　　　答（ 12枚 ）

p.41 類題2-1、1人に配ると6-2=4個の差になります。5人に配ると差も5倍の4×5=20個になります。　　　　　　　　　　　　　　　　　　　　　　答（ 20個 ）

p.42 類題3-1、7-5=2個…1人の差、24÷2=12人…子どもの人数　　　答（ 12人 ）

p.43 類題4-1、54÷(9-6)=18人…子どもの人数、6×18+54=162個または9×18=162個…あめの個数。　　　　　　　　　　　　　　　答（ 子どもは18人、あめは162個 ）

類題5-1、24÷(8-5)=8人…子どもの人数、8×8-24=40本または5×8=40本…えんぴつの本数。　　　　　　　　　　　　　　　　　　答（　子どもは8人、えんぴつは40本　）

確認テスト　（1単位の差が集まって差の集まりになる考え方）

p.44［1］
(1)、皿が1枚だと、りんごの個数の差は5-3=2個です。皿が8枚だと、差は8倍になるので、2×8=16個となります。　　　　　　　　　　　　　答（　16個　）
(2)、皿が1枚の場合は、5-3=2個の差です。差が30個なので、30÷2=15倍になっているので、皿も15枚となります。　　　　　　　　　　　　　答（　15枚　）
［2］1人に配ると7-4=3個の差になります。6人に配ると差も6倍の3×6=18個になります。　　　　　　　　　　　　　　　　　　　　　　　　答（　18個　）

p.45［3］　5-2=3個…1人の差、54÷3=18人…子どもの人数　　答（　18人　）
［4］　48÷(7-5)=24人…子どもの人数、5×24+48=168個または7×24=168個…あめの個数。　　　　　　　　　　　　　　　答（　子どもは24人、あめは168個　）
［5］　36÷(3-2)=36人…子どもの人数、3×36-36=72本または2×36=72本…えんぴつの本数。　　　　　　　　　　　　　答（　子どもは36人、えんぴつは72本　）

第3章、全体の差に過不足が関係する場合

p.47　類題1-1、
(1)、

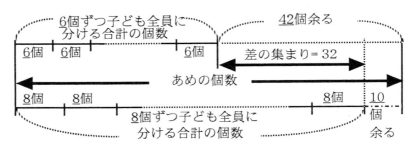

(2)、42-10=32個…差の集まり、8-6=2個…1人分の差、32÷2=16人…子どもの人数、6×16+42=96+42=138個または8×16+10=128+10=138個…あめの個数
　　　　　　　　　　　　　　　答（　子どもは16人、あめは138個　）

類題1-2、80-2=78頁…差の集まり、10-7=3頁…1日分の差、78÷3=26日…予定の日数、7×26+80=182+80=262頁または10×26+2=260+2=262頁…本のページ数。

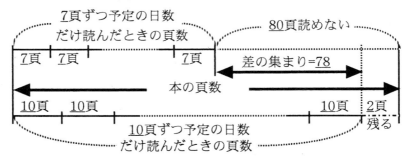

　　　　　　　　答（　予定の日数は26日、本のページ数は262頁　）

p.48 類題2-1、30-3=27枚…差の集まり、7-4=3枚…1人分の差、27÷3=9人…人数、
4×9-3=33枚または7×9-30=33枚…おり紙の枚数。

答（　人数は9人、おり紙は33枚　）

p.49 類題3-1、1人分の差は9-5=4個、差の集まりは11+29=40個。人数は40÷4=10人。
リンゴの個数は5×10+11=61個、または9×10-29=61個。

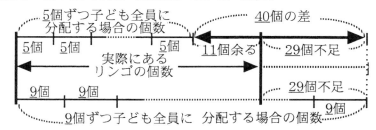

答（　人数は10人、リンゴは61個　）

p.50 類題4-1、48-6=42枚…差の集まり、3枚…1人分の差、42÷3=14人…人数、
5×14+48=70+48=118枚または(5+3)×14+6=112+6=118枚…色紙の枚数。

答（　人数は14人、色紙は118枚　）

確認テスト(差集め算・全体の差に過不足が関係する場合)

p.51 ［1］ 40-6=34個…差の集まり、6-4=2個…1人分の差、34÷2=17人…クラスの人数、
6×17+6=102+6=108個
または4×17+40=68+40=108個…リンゴの個数。

答（　クラスの人数は17人、リンゴは108個　）

［2］ 15+21=36枚…差の集まり、7-5=2枚…1人分の差、36÷2=18人…人数、5×18+15=105枚または7×18-21=105枚…おり紙の枚数。

答（　人数は18人、おり紙は105枚　）

［3］ 1人分の差は8-5=3個、差の集まりは31-4=27個。人数は27÷3=9人。リンゴの個数は8×9-31=41個、または5×9-4=41個。

答（　人数は9人、リンゴは41個　）

［4］ 22+10=32枚…差の集まり、2枚…1人分の差、32÷2=16人…人数、9×16+22=144+22=166枚または(9+2)×16-10=176-10=166枚…色紙の枚数。

答（　人数は16人、色紙は166枚　）

M.acceess　学びの理念

☆**学びたいという気持ちが大切です**
　勉強を強制されていると感じているのではなく、心から学びたいと思っていることが、子どもを伸ばします。

☆**意味を理解し納得する事が学びです**
　たとえば、公式を丸暗記して当てはめて解くのは正しい姿勢ではありません。意味を理解し納得するまで考えることが本当の学習です。

☆**学びには生きた経験が必要です**
　家の手伝い、スポーツ、友人関係、近所付き合いや学校生活もしっかりできて、「学び」の姿勢は育ちます。
　生きた経験を伴いながら、学びたいという心を持ち、意味を理解、納得する学習をすれば、負担を感じるほどの多くの問題をこなさずとも、子どもたちはそれぞれの目標を達成することができます。

発刊のことば

　「生きてゆく」ということは、道のない道を歩いて行くようなものです。「答」のない問題を解くようなものです。今まで人はみんなそれぞれ道のない道を歩き、「答」のない問題を解いてきました。

　子どもたちの未来にも、定まった「答」はありません。もちろん「解き方」や「公式」もありません。
　私たちの後を継いで世界の明日を支えてゆく彼らにもっとも必要な、そして今、社会でもっとも求められている力は、この「解き方」も「公式」も「答」すらもない問題を解いてゆく力ではないでしょうか。

　人間のはるかに及ばない、素晴らしい速さで計算を行うコンピューターでさえ、「解き方」のない問題を解く力はありません。特にこれからの人間に求められているのは、「解き方」も「公式」も「答」もない問題を解いてゆく力であると、私たちは確信しています。

　M.accessの教材が、これからの社会を支え、新しい世界を創造してゆく子どもたちの成長に、少しでも役立つことを願ってやみません。

思考力算数練習帳シリーズ１１
つるかめ算・差集め算の考え方　新装版　（整数範囲/中学受験基礎）　（内容は旧版と同じものです）

新装版　第１刷
編集者　M.access（エム・アクセス）
発行所　株式会社　認知工学
〒６０４－８１５５　京都市中京区錦小路烏丸西入ル占出山町308
電話　（０７５）２５６－７７２３　　email：ninchi@sch.jp
郵便振替　０１０８０－９－１９３６２　株式会社認知工学

ISBN978-4-86712-111-5　C-6341　　A11210124G

定価＝　本体６００円　＋税